MINISTÈRE DE LA GUERRE

RÈGLEMENT

DE MANOEUVRE

DE L'ARTILLERIE A PIED

INSTRUCTION PROVISOIRE

SUR LE TIR

APPROUVÉE PAR LE MINISTRE DE LA GUERRE LE 15 MAI 1915

PARIS

HENRI CHARLES-LAVAUZELLE

Éditeur militaire

124, Boulevard Saint-Germain, 124

MÊME MAISON A LIMOGES

1915

RÈGLEMENT

DE MANŒUVRE

DE L'ARTILLERIE A PIED

INSTRUCTION PROVISOIRE

SUR LE TIR

MINISTÈRE DE LA GUERRE

RÈGLEMENT

DE MANŒUVRE

DE L'ARTILLERIE A PIED

INSTRUCTION PROVISOIRE

SUR LE TIR

APPROUVÉE PAR LE MINISTRE DE LA GUERRE LE 15 MAI 1915

PARIS

HENRI CHARLES-LAVAUZELLE

Éditeur militaire

124, Boulevard Saint-Germain, 124

MÊME MAISON A LIMOGES

1915

TABLE DES MATIÈRES.

PREMIÈRE PARTIE.

DEUXIÈME PARTIE.

CHAPITRE I.

TROISIÈME PARTIE.

TITRE I.

GÉNÉRALITÉS.

CHAPITRE I.

TITRE II.

PRÉPARATION DU TIR.

CHAPITRE I.

CHAPITRE II.

CHAPITRE III.

CHAPITRE IV.

TITRE III.

TIR PERCUTANT.

CHAPITRE I.

CHAPITRE II.

TITRE IV.

TIR FUSANT.

TITRE VII.

TIR DE NUIT.

TITRE VIII.

TIR DES MORTIERS LISSES, DU CANON DE 12 CULASSE ET DES CANONS REVOLVERS.

TITRE IX.

TIR DE PLUSIEURS BATTERIES SUR LE MÊME OBJECTIF.

APPENDICE.

CHAPITRE I.

CHAPITRE II.

PREMIÈRE PARTIE

NOTIONS GÉNÉRALES

ARTILLERIE A PIED.

INSTRUCTION PROVISOIRE SUR LE TIR.

PREMIÈRE PARTIE.

NOTIONS GÉNÉRALES.

CHAPITRE I.

NOTIONS DE BALISTIQUE.

DÉFINITIONS.

1. La **ligne de tir** est l'axe de la pièce indéfiniment prolongé.

Le **plan de tir** est le plan vertical passant par la ligne de tir.

L'**angle de tir** est l'angle que fait la ligne de tir avec le plan horizontal.

La **ligne de projection** est la ligne obtenue en prolongeant indéfiniment la première direction du projectile au sortir de l'âme.

Au moment où il passe la tranche de la bouche, le projectile ne suit pas exactement la ligne de tir; il passe généralement un peu au-dessus.

L'**angle de projection** est l'angle que fait avec le plan horizontal la ligne de projection.

L'**angle de relèvement** est l'angle que fait avec la ligne de tir la ligne de projection.

Pour une bouche à feu donnée, on admet que l'angle de relèvement reste constant (1), quel que soit l'angle de tir, tant que la charge ne varie pas; la valeur de l'angle de relèvement est toujours très faible.

____

(1) Le fait n'a jamais été vérifié pour des angles de tir de plus de 15 degrés.

Le **point de chute** est le point où le projectile vient rencontrer le plan horizontal passant par le centre de la bouche de la pièce.

Dans la pratique on est amené à donner plus d'extension à cette définition et à appeler point de chute le point où le projectile rencontre le sol, que ce dernier soit ou non à la même altitude que la bouche de la pièce.

2. La **trajectoire** est la ligne courbe que suit le centre de gravité du projectile, pendant son trajet dans l'air.

A son origine, c'est-à-dire à la bouche de la pièce, elle se confond avec la ligne de projection; elle s'en écarte ensuite de plus en plus par l'effet de la pesanteur et de la résistance de l'air.

Sans l'influence de ces deux forces, le projectile suivrait indéfiniment sa direction première, avec une vitesse uniforme égale à sa vitesse initiale, c'est-à-dire égale à la vitesse dont il est animé à la sortie de l'âme (1).

Par l'action de la pesanteur, le projectile s'abaisse rapidement au-dessous de la ligne de projection. Après s'être élevé d'abord à des hauteurs croissantes au-dessus du plan horizontal de la bouche de la pièce, il descend et se rapproche ensuite de plus en plus de ce plan, qu'il vient rencontrer au point de chute.

L'effet de la pesanteur tend à diminuer la vitesse de translation du projectile tant que celui-ci s'élève, et à augmenter cette vitesse une fois qu'il descend.

La résistance de l'air (2) exerce sur le projectile en mouvement une action constamment retardatrice; cette action a donc le même effet que celle de la pesanteur dans la période d'ascension et l'effet contraire dans la période de descente.

Lorsque le tir est exécuté sous de grands angles avec des charges suffisantes, il arrive un moment de cette dernière période où l'influence accélératrice, la pesanteur, l'emporte sur l'influence retardatrice de l'air; la vitesse de translation du projectile augmente, mais pas indéfiniment. Elle a pour limite la vitesse qui correspond à une résistance égale au poids du projectile. Le mouvement devient alors uniforme.

Par l'effet de la résistance de l'air et en vertu du mouvement de rotation qui leur est propre, les obus oblongs des pièces rayées sortent du plan de tir et s'en éloignent de plus en plus : on dit qu'ils dérivent, et l'on appelle dérivation la distance à laquelle l'obus s'écarte du plan de tir. La *dérivation* se produit dans le sens du mouvement de rotation de la partie supérieure du projectile, c'est-à-dire à gauche pour les pièces rayées à gauche, et à droite pour les pièces rayées à droite (3).

On appelle : *sommet de la trajectoire*, le point le plus élevé S; hauteur maxima ou *flèche*, l'élévation SH de ce sommet au-dessus du plan horizontal; *branche as-*

---

(1) La mesure de la vitesse d'un mobile est donnée par l'expression du nombre de mètres que parcourrait le mobile en une seconde, si, pendant ce temps, la vitesse ne variait pas.

(2) Il ne faut pas confondre la résistance de l'air avec l'action du vent; ici, l'air est supposé parfaitement calme.

(3) Le canon de 95 et les canons en bronze du système de Reffye (138, 7 et 5) sont rayés à gauche; les autres bouches à feu sont rayées à droite.

cendante, la partie OS de la trajectoire comprise entre
l'origine et le sommet; *branche descendante*, la partie
SC comprise entre le sommet et le point de chute.

La deuxième partie est toujours plus courte et plus courbe
que la première; néanmoins le projectile met plus de temps à

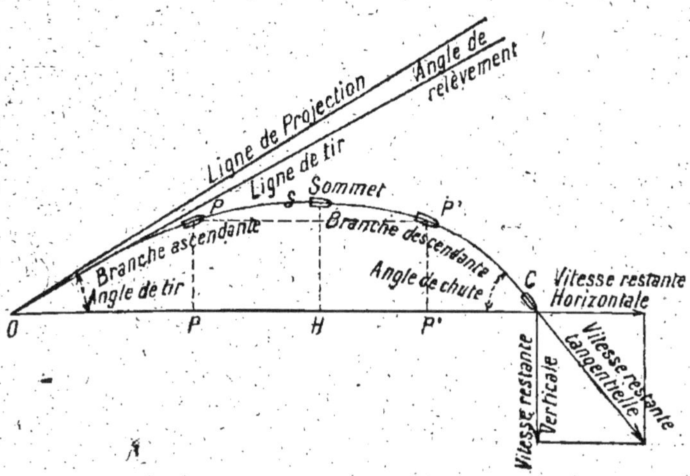

Fig. 1. — Trajectoire.

la parcourir; deux points P et P', situés à la même hauteur de
part et d'autre du sommet, celui de la branche descendante P'
est le plus rapproché de ce sommet.

La **durée du trajet** est le temps, exprimé en secondes,
que le projectile met pour aller de l'origine au point
de chute.
On a souvent à considérer une durée de trajet correspondant à un point quelconque de la trajectoire.

On appelle : **base de la trajectoire**, la ligne droite OC
joignant l'origine au point de chute; **portée**, la distance
de l'origine O au point de chute C, mesurée suivant la
base; **angle de chute**, l'angle que fait avec le plan horizontal le dernier élément de la trajectoire au point de
chute, il est plus grand que l'angle de tir; **vitesse restante tangentielle**, ou simplement **vitesse restante**, la
vitesse dont le projectile est animé quand il arrive au
point de chute, elle est moindre que la vitesse initiale.

On considère fréquemment, surtout quand il s'agit des effets de choc à produire contre un obstacle, cette vitesse comme résultante de deux autres : la *vitesse restante horizontale*
et la *vitesse restante verticale*, qui offrent un intérêt particulier, la première quand l'obstacle se présente verticale-
ment, la seconde quand il se développe horizontalement.
On a souvent à considérer la vitesse restante en un point
de la trajectoire autre que le point de chute.

FORME DE LA TRAJECTOIRE.

3. La forme générale des trajectoires dépend essentiellement de la constitution intérieure et extérieure du projectile, du sens et de la rapidité de la rotation dont il est animé, enfin des circonstances atmosphériques.

Ces données étant supposées constantes, la forme de la trajectoire varie avec la vitesse initiale et l'angle de tir; les autres éléments résultent de ceux-ci et réciproquement; il existe entre eux une corrélation obligée, qu'on n'est pas maître de changer. Si donc on a fixé à l'avance, par exemple, l'angle de chute et la portée, ou l'angle de chute et la vitesse restante, ou l'angle de tir et la portée, etc., les valeurs des autres éléments se trouvent par cela même déterminées, soit qu'on les calcule d'après les formules balistiques, soit qu'on les prenne dans des tables de tir où se trouvent consignés à l'avance les résultats des calculs.

Lorsque des deux éléments principaux, vitesse et angle de tir, l'un varie pendant que l'autre reste constant, la trajectoire subit des transformations successives, dont il est donné un aperçu ci-après :

La vitesse initiale étant constante, quand l'angle de tir augmente à partir de 0 degré le sommet de la trajectoire s'élève; la flèche maxima, l'angle de chute et la durée du trajet augmentent; la portée s'accroît jusqu'à un maximum correspondant, en général, à un angle de tir un peu inférieur à 45 degrés, puis elle diminue jusqu'à devenir nulle, pour un angle de tir voisin de 90 degrés. L'angle correspondant à la portée se rapproche d'autant plus de 45 degrés que la vitesse du projectile est plus faible et que l'air a moins d'action sur lui. Une portée déterminée peut ainsi être obtenue par deux valeurs de l'angle de tir, l'une inférieure, l'autre supérieure à l'angle correspondant à la portée maximum (ou approximativement à l'angle de 45 degrés).

Ces deux valeurs se rapprochent d'autant plus l'une de l'autre que la portée considérée diffère moins de la portée maximum.

L'angle de tir étant fixe, si l'on augmente progressivement la vitesse initiale, la hauteur maximum, la portée, la vitesse restante, l'angle de chute, la durée de trajet augmentent.

Les développements qui précèdent supposent que le point d'arrivée du projectile, c'est-à-dire le point de chute, se trouve sur le plan horizontal passant par l'origine de la trajectoire; c'est aussi ce que supposent les tables de tir, qui sont destinées à donner une traduction numérique des relations existant entre les divers éléments des trajectoires. Les valeurs des angles de tir, les dérivations, les angles de chute, les durées de trajet, les vitesses restantes, etc., indiquées par ces tables, sont celles qui conviennent au cas où le but est à la même altitude que la bouche à feu.

Dans la pratique du tir, le but B est souvent plus élevé ou plus bas que la pièce. On appelle **angle de site** l'angle COB (fig. 2 et 3) que fait avec le plan horizontal la ligne droite OB, qui va de la bouche de la pièce au but; on le dit **positif,** quand le but se trouve plus haut que la pièce et **négatif** dans le cas contraire.

Quand il s'agit d'atteindre, avec un projectile lancé à la vitesse V, un but B situé, par rapport à la bouche de la pièce

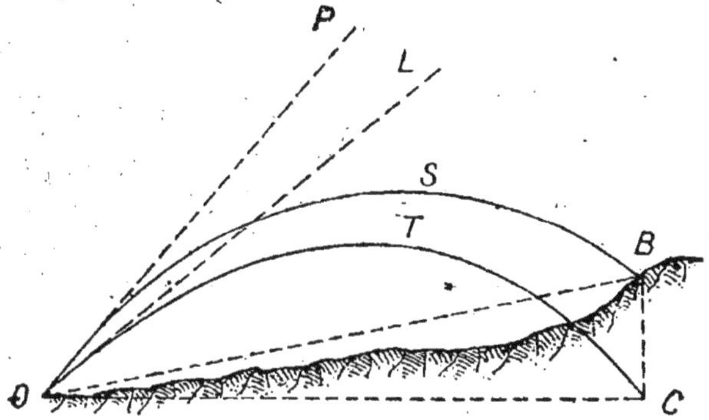

Fig. 2. — But plus haut que la pièce.

O, à une altitude BC et à une distance OB connues, on peut encore déterminer à l'aide des tables de tir les éléments de la trajectoire cherchée OSB.

Cas des angles inférieurs à 10 degrés. — Si l'on considère le point C situé sur le plan horizontal de la bouche de la pièce à la même distance de cette pièce que le but B, la trajectoire OTC, passant par le point C, est celle

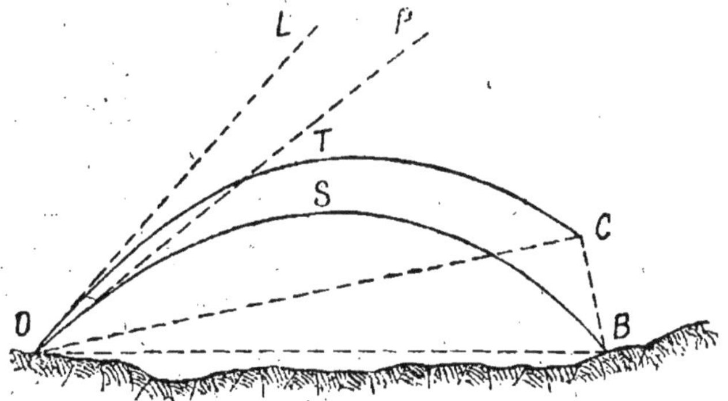

Fig. 3. — But plus bas que la pièce.

dont les éléments sont indiqués par les tables pour la vitesse V et la portée OC=OB. On admet que la trajectoire cherchée OSB n'est autre que la trajectoire OTC qu'on aurait fait tourner autour du point O, comme si elle était une courbe rigide, d'un angle égal à l'angle de site COB, de manière à amener le point C sur le but B. Il résulte de cette hypothèse que les éléments de la trajectoire OSB, rapportés à la base inclinée OB, sont les mêmes que ceux de la trajectoire OTC, rapportés à la base horizontale OC et donnés par les tables de tir. Pour déduire les premiers des seconds, il suffira de tenir compte de l'inclinaison de la base OB par rapport au plan horizontal : dans le tir dirigé sur le but B, l'angle POC à donner à la pièce sera l'angle de tir des tables LOC=POB. qu'on augmentera ou qu'on diminuera de l'angle de site COB, suivant que le but B est plus haut ou plus bas que la pièce. L'angle de chute sera celui des tables diminué ou augmenté de l'angle de site.

La durée du trajet et la vitesse restante sont celles des tables.

L'hypothèse de la rigidité de la trajectoire, dont il est question ci-dessus, est suffisamment vérifiée par l'expérience, quand les angles de tir des tables ne dépassent pas 10 degrés.

Cas des angles de tir supérieurs à 10 degrés. — L'hypothèse précitée conduit, dans ce cas, à des résultats dont on juge souvent l'approximation insuffisante. Il faut alors avoir recours à des formules balistiques pour calculer les éléments de la trajectoire du but B; des tables de correction spéciales donnent les résultats des calculs relatifs aux angles de tir.

On a quelquefois à déterminer les éléments du mouvement de projectile (vitesse restante [direction VK], durée du trajet OSK, hauteur KH au-dessus du plan horizontal, distance HC, etc.), en un point quelconque K de sa trajectoire; ce pro-

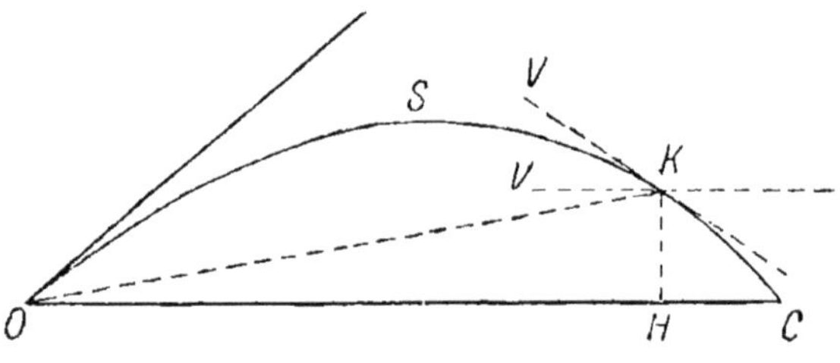

Fig. 4.

blème présente une grande analogie avec le précédent: on le résout comme celui-ci, suivant le cas, soit par l'hypothèse de la rigidité de la trajectoire en prenant comme intermédiaire la trajectoire correspondant à une portée OH=OK, soit par le calcul au moyen des formules balistiques.

CHAPITRE II.

DISPERSION ET PROBABILITÉ DU TIR.

CAUSES D'IRRÉGULARITÉS.

4. Lorsque les projectiles de même modèle sont tirés successivement avec la même pièce dans les mêmes conditions, des causes multiples influent sur la régularité de leur mouvement et tendent à produire des différences notables d'un coup à l'autre; il importe, au point de vue de la précision du tir, que l'on s'efforce d'écarter, autant que les circonstances de la pratique le permettent, ces causes d'irrégularités dont les principales sont énumérées ci-après :

Différence de constitution des projectiles. — C'est par le mode de réception des obus au moment de la livraison et par les précautions apportées dans l'opération du chargement intérieur que l'on assure l'identité des surfaces extérieures ou intérieures, l'uniformité de répartition de la masse et l'égalité du poids des projectiles.

Différence de l'état extérieur des obus. — On les évite en entretenant, par une couche de peinture, de plombagine ou de coaltar, la surface extérieure exempte de rouille ou de crasse et en prenant les précautions nécessaires pour éviter les dégradations et les mutilations pendant les transports.

Différence de constitution des gargousses. — Il faut veiller à l'exactitude du poids de poudre et prendre garde, en ce qui concerne la poudre noire, que dans les transports ou les manipulations, les grains ne s'écrasent ni ne se perdent.

Différence des propriétés balistiques de la poudre. — Une poudre n'est pas toujours identique à elle-même; ses propriétés changent dans une certaine mesure d'un lot à l'autre, et, pour le même lot, elles varient avec le degré d'hygrométricité des grains ou des lamelles. Cette cause d'irrégularité a de l'importance, surtout dans la guerre de siège, car les poudres et gargousses confectionnées font quelquefois un assez long séjour dans les abris ou magasins enterrés et humides; on a soin de grouper pour le service des pièces de la même batterie, les charges qui proviennent du même lot de poudre et qui ont été conservées dans le même magasin.

Différence du mode de chargement. — Il importe que la charge occupe toujours la même position dans la chambre et que l'obus soit calé toujours de la même manière sur l'origine des rayures; c'est pourquoi on recommande expressément d'amener l'obus à sa position de chargement et de l'y assurer par un coup de refouloir donné toujours de la même façon.

Différence de pointage. — Elle est réduite au minimum, grâce à la formation de pointeurs visant avec régularité et uniformité, grâce aux soins qu'apportent les gradés à vérifier l'exactitude des pointages et grâce aux précautions prises pour rendre comparables les instruments de pointage d'une même batterie.

Différence de disposition de l'affût. — Une plate-forme qui se déverse ou se déforme à chaque coup occasionne des irrégularités du tir, surtout en direction; il est nécessaire de la consolider.

Les diverses causes de déviation des projectiles peuvent être atténuées jusqu'à une certaine limite, mais il n'est pas possible de les éviter complètement. Quoi qu'on fasse, leurs effets se feront sentir et les projectiles tirés successivement parcourront des trajectoires un peu différentes.

DISPERSION.

5. Si l'on tire avec une pièce dans les mêmes conditions de charge, de pointage, d'état atmosphérique, etc., un grand nombre de projectiles, soit sur un sol horizontal, soit contre un mur vertical, on verra d'abord les premiers coups se disperser dans tous les sens d'une façon quelconque sur le sol ou sur le mur; puis, peu à peu, quand leur nombre augmentera, on distinguera une région où les coups arrivent en plus grand nombre, tandis qu'autour de cette région ils se disséminent d'autant plus qu'ils en sont plus éloignés; enfin, lorsqu'on aura tiré un grand nombre de coups, on verra que les points de chute sont groupés autour d'un point O, appelé **point moyen,** dans le voisinage duquel ils sont plus serrés que partout ailleurs.

Si l'on mesure les distances de chacun des points de

chute à deux axes rectangulaires quelconques AX et AY (fig. 5), la somme algébrique (1) des distances à l'axe AX divisée par le nombre de coups donnera la distance OO_2 du point moyen à cet axe. De même, la

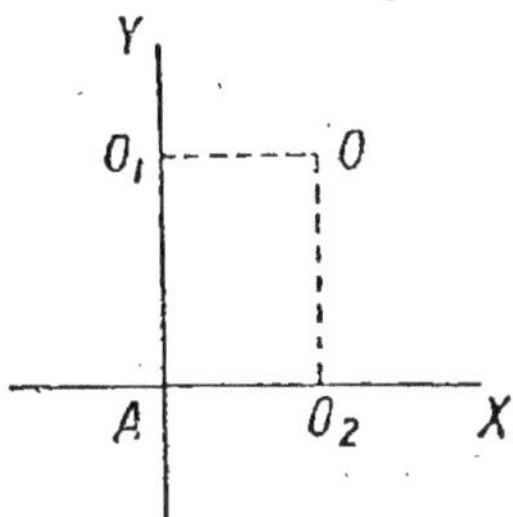

Fig. 5.

somme des distances à l'axe AY divisée par le nombre des coups donnera la distance OO_1 du point moyen à cet axe. La rencontre des deux lignes perpendiculaires OO_1 et OO_2 ainsi déterminées marquera la position du point moyen O.

Si l'on joint par une ligne droite la pièce P au point moyen O (fig. 6), et si, en ce dernier point, on élève

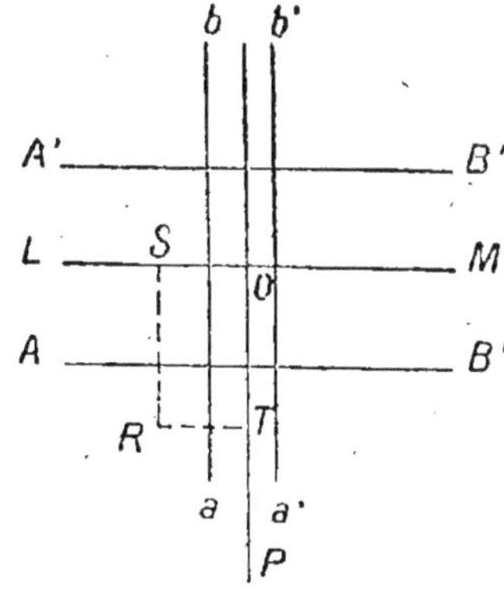

Fig. 6.

une perpendiculaire LM à OP, il y aura autant de coups en deçà de LM qu'au delà; de même, la moitié des coups seront à droite de OP, l'autre moitié à gauche.

---

(1) Dans la somme algébrique, les distances sont comptées avec leur signe; celles qui sont d'un côté de l'axe prennent le signe + et, par suite, s'additionnent; celles qui sont de l'autre côté ont le signe — et, par suite, se retranchent.

L'écart en portée (ou **en hauteur**) d'un point d'impact R est sa distance RS à la ligne LM et l'**écart en direction** sa distance RT à la ligne OP.

L'écart moyen en portée, en hauteur ou **en direction** est la moyenne des écarts en portée, en hauteur ou en direction de tous les coups; il est égal à la somme absolue (1) des écarts en portée, en hauteur ou en direction de tous les points de chute divisée par le nombre de coups.

Si l'on élève sur OP deux perpendiculaires AB, A'B' limitant, l'une la meilleure moitié des coups courts, l'autre la meilleure moitié des coups longs par rapport à O, ces lignes seront séparées de LM par une même distance qui s'appelle l'**écart probable en portée** (ou **en hauteur**).

Les deux parallèles ab, $a'b'$ à OP, limitant la meilleure moitié des coups qui se trouvent à gauche de cette ligne et la meilleure moitié des coups à droite, sont symétriquement placées par rapport à elle, et en sont séparées par une distance qui s'appelle l'**écart probable en direction.**

D'après ce qui précède on peut aussi définir l'écart probable : l'écart tel que le nombre de ceux qui lui sont supérieurs soit égal au nombre de ceux qui lui sont inférieurs; ou encore celui qui a la probabilité 1/2 de ne pas être dépassé.

L'écart probable est lié à l'écart moyen, dont il a été question plus haut, par la relation :

$$\text{Ecart probable} = \text{Ecart moyen} \times 0,8453.$$

Si l'on trace (fig. 7) les lignes CD et C'D', EF et E'F', GH et G'H' parallèlement à LM et à des distances de deux fois, trois fois, quatre fois l'écart probable en portée, on divise le terrain en bandes dont chacune renferme une certaine proportion des points de chute, comme l'indique la figure ci-après.

La zone de dispersion en portée (ou en hauteur) s'étend entre les droites GH, G'H'; sa profondeur est égale à huit fois l'écart probable en portée; elle comprend la presque totalité des coups (plus de 99 p. 100).

La répartition des points de chute à gauche et à droite de PO, dans des tranches longitudinales ayant une largeur égale à l'écart probable en direction, se fait d'après les mêmes lois.

La grandeur des écarts probables donne la mesure de la justesse d'une pièce. Plus ils sont petits, mieux les points de chute sont groupés et plus la bouche à feu est précise.

Mais la connaissance des lois de la dispersion exposées précédemment a encore d'autres applications.

---

(1) Dans la somme absolue, il n'est pas tenu compte du sens des écarts; on n'a égard qu'à leur grandeur.

En effet, si l'on suppose que le but à atteindre se déplace dans la zone de dispersion en portée, à chacune des positions qu'il occupera correspondra une proportion donnée des coups courts et des coups longs par

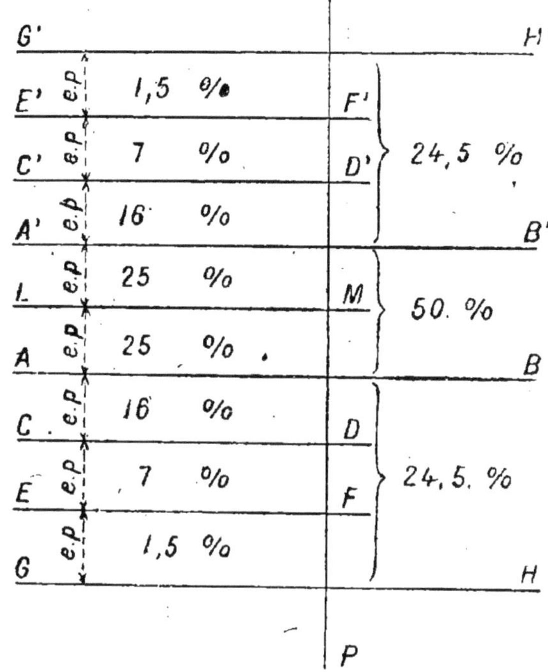

Fig. 7.

rapport à ce but. Quand, par exemple, il est situé sur la ligne A'B', le nombre des coups courts est à peu près de 75 p. 100 ou de 3/4. S'il était sur CD, la proportion des coups courts se trouverait réduite à 8,5 p. 100 environ. Et, inversement, les résultats de l'observation des coups permettent de déterminer les positions relatives du but et du point moyen.

Ainsi, dans le cas particulier où l'on constate que les 3/4 des coups tirés sont courts, on est en droit de conclure que le point moyen se trouve à un écart probable en avant du but; si l'on voulait amener la coïncidence des deux points, il y aurait donc lieu d'augmenter la portée d'un écart probable, grandeur qui est indiquée dans les tables de tir.

Les mêmes considérations sont applicables aux écarts en hauteur et aux écarts en direction.

Les notions qui précèdent sont utilisées pour le réglage du tir. La fourchette des tables pratiques correspond (en chiffres arrondis) à 56 écarts probables des tables complètes.

PROBABILITÉS.

6. La **probabilité d'un écart** dans un tir qui comprend un très grand nombre de coups est le rapport, au nombre total des coups tirés, du nombre de fois qu'un écart égal à l'écart considéré s'est produit.

En multipliant ce rapport par 100 on obtient le nombre des coups pour 100 qui donnent l'écart considéré; cette deuxième forme traduit d'une manière plus claire la notion de probabilité et donne une idée plus nette des chances que l'on a de voir l'écart se produire.

L'étude des lois de la dispersion a permis de dresser le tableau suivant, qui indique les probabilités (1) d'avoir un écart qui ne dépasse pas n fois l'écart probable.

Comme on l'a dit précédemment, en multipliant par 100 les nombres des colonnes « probabilités » de ce tableau, on obtient le pour 100 des coups qui, dans un tir indéfiniment prolongé, tomberont à une distance du point moyen inférieure à n fois l'écart probable.

n.	PROBABILITÉS.	n.	PROBABILITÉS.	n.	PROBABILITÉS.	n.	PROBABILITÉS.
0,00	0,0000	1,00	0,5000	2,00	0,8227	3,00	0.9570
0,05	0,0269	1,05	0.5212	2,05	0,8332	3,05	0,9603
0,10	0,0538	1,10	0.5419	2,10	0,8434	3,10	0,9635
0,15	0,0806	1,15	0,5621	2,15	0,8530	3,15	0,9664
0,20	0,1073	1,20	0,5817	2,20	0,8622	3,20	0,9691
0,25	0,1339	1,25	0,6008	2,25	0.8709	3,25	0,9716
0,30	0,1604	1,30	0,6194	2,30	0,8792	3,30	0,9740
0,35	0,1866	1,35	0,6375	2,35	0,8871	3,35	0,9762
0,40	0,2127	1,40	0,6550	2,40	0,8945	3,40	0,9782
0,45	0,2385	1,45	0,6719	2,45	0,9016	3,50	0.9818
0,50	0,2641	1,50	0,6883	2,50	0,9083	3,60	0,9848
0,55	0,2893	1,55	0,7042	2,55	0,9146	3,70	0,9874
0,60	0,3143	1,60	0,7195	2,60	0,9205	3,80	0,9896
0,65	0,3389	1,65	0,7343	2,65	0,9261	3,90	0,9915
0,70	0,3632	1,70	0,7485	2,70	0,9314	4,00	0,9930
0,75	0,3871	1,75	0,7621	2,75	0,9364	4,20	0,9954
0,80	0,4105	1,80	0,7753	2,80	0,9411	4,40	0,9970
0,85	0,4336	1,85	0,7879	2,85	0,9454	4,60	0,9981
0,90	0,4562	1,90	0,8000	2,90	0,9495	4,80	0,9988
0,95	0,4783	1,95	0,8116	2,95	0,9534	5,00	0,9993

7. Ce tableau permet de résoudre divers problèmes qui se présentent fréquemment dans la pratique, lorsqu'on veut évaluer les chances d'atteindre tel ou tel but par un tir exécuté dans des conditions déterminées, notamment les **problèmes suivants** :

1° Quelle est la probabilité d'atteindre, dans un tir prolongé, une bande indéfinie de largeur a, disposée perpendicu-

---

(1) Les nombres de ce tableau s'appliquent indifféremment aux écarts en portée Ep, en hauteur Eh, ou en direction Ed.

lairement (ou parallèlement) à la ligne de tir et symétriquement par rapport au point moyen (fig. 8)?

e étant l'écart probable en portée (ou en direction) de la pièce dont il s'agit, le rapport n est égal à $\dfrac{a}{2e}$.

En lisant dans la 2ᵉ colonne du tableau le nombre placé en regard du nombre de la 1ʳᵉ colonne égal à $\dfrac{a}{2e}$ on a la probabilité cherchée; en multipliant ce nombre par 100 on a le pour 100 des coups qui atteindraient la bande dans un tir prolongé.

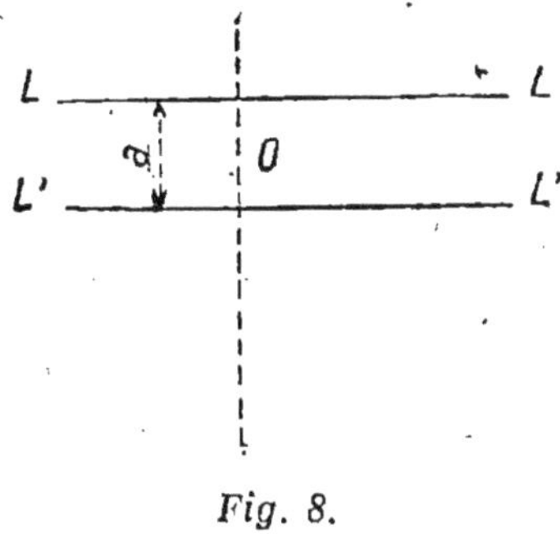

Fig. 8.

2° Quelle est la probabilité d'atteindre, dans un tir prolongé, une bande indéfinie de largeur b, disposée perpendiculairement (ou parallèlement) à la ligne de tir, à une distance a du point moyen (fig. 9)?

Soient LL, MM les parallèles limitant la bande considérée et L'L' M'M' deux droites symétriques par rapport à O, l'une

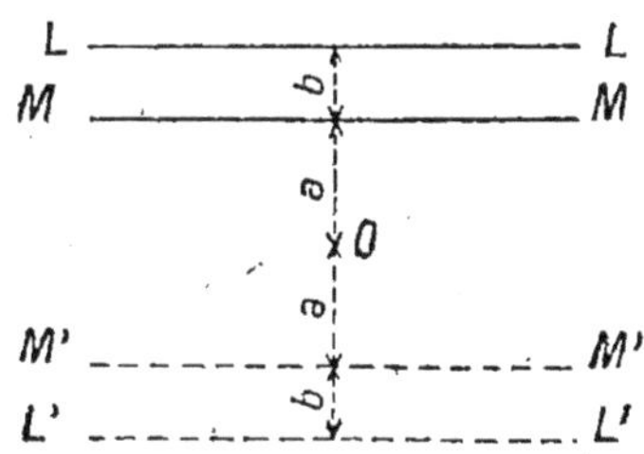

Fig. 9.

de LL, l'autre de MM. On détermine comme dans le cas précédent : p la probabilité d'atteindre, la bande LLL'L' (largeur $2a+2b$); p' la probabilité d'atteindre la bande MMM'M' (largeur $2a$).

La différence $p - p'$ sera la probabilité d'atteindre la différence de ces deux bandes, c'est-à-dire soit LLMM, soit L'L'M'M'.

La probabilité d'atteindre LLMM seulement sera $\dfrac{p-p'}{2}$.

3ᵉ Quelle est la probabilité d'atteindre, dans un tir prolongé, un rectangle dont les côtés, de longueurs a et b, sont respectivement parallèles et perpendiculaires à la ligne de tir et dont le centre occupe une position donnée par rapport au point moyen (fig. 10)?

Les côtés du rectangle étant supposés indéfiniment prolongés, on détermine, comme dans le cas 1' ou dans le cas 2° :

La probabilité p d'atteindre la bande de largeur b parallèle à la ligne de tir;

La probabilité p' d'atteindre la bande de largeur a perpendiculaire à la ligne de tir;

La probabilité d'atteindre le rectangle formé par la rencontre de deux bandes est égale à $p \times p'$.

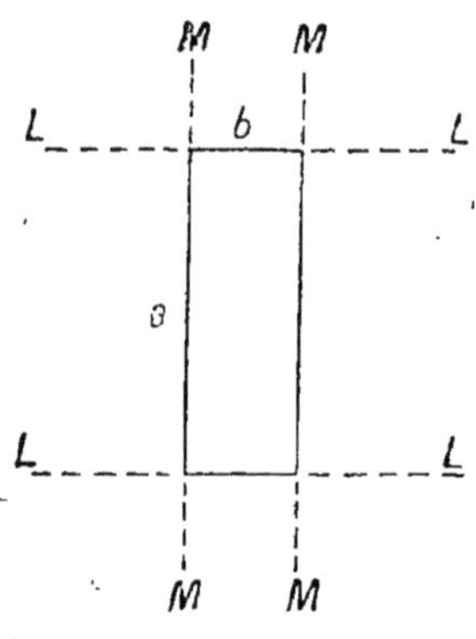

Fig. 10.

1ʳᵉ *application.* — Chercher la probabilité d'atteindre, dans un tir prolongé du canon de 120 millimètres, exécuté à 4.000 mètres avec la charge de 4 kgr. 500, un rectangle dont le côté perpendiculaire à la ligne de tir a une longueur de 5 mètres, le côté parallèle une longueur de 20 mètres et dont le centre est au point moyen.

A 4.000 mètres, l'écart probable en portée du canon de 120 millimètres est de 9ᵐ,7.

A 4.000 mètres, l'écart probable en direction du canon de 120 millimètres est de 1ᵐ.1.

Pour la bande indéfinie correspondant aux côtés du rectangle perpendiculaires à la ligne de tir, on a :

$$n = \frac{20}{2 \times 9,7} = 1,03;$$ d'où, d'après le tableau, $p = 0,5126$.

Pour la bande indéfinie correspondant aux côtés parallèles à la ligne de tir, on a :

$$n = \frac{5}{2 \times 1,1} = 2,27;$$ d'où d'après le tableau, $p' = 0,8743$.

La probabilité cherchée $= p \times p' = 0,5126 \times 0,8743 = 0,4481;$ % $= 44,81$.

2ᵉ *application*. — Quelle est la probabilité d'atteindre un rectangle dont les côtés sont respectivement égaux au double des écarts probables en portée et en direction et dont le centre est au point moyen ?

$$p = 1/2 = 0,50 \qquad p' = 1/2 = 0,50;$$
$$p \times p' = 1/4 = 0\,25.$$

La probabilité d'atteindre le rectangle est de 1/4 ou 0,25; le nombre pour 100 des coups qu'il recevra est 25.

CHAPITRE III.

TIR FUSANT ET TIR PERCUTANT DES OBUS
A BALLES OU A MITRAILLE.

8. Mode d'action d'un projectile fusant (obus à balles ou à mitraille). — Tir de plein fouet. — Lorsqu'on fait éclater un projectile fusant sur sa trajectoire EP, en un point E, les balles continuent leur chemin sous l'influence : 1° de la vitesse restante, dans une direction tangente à la trajectoire; 2° de la force centrifuge, dans une direction perpendiculaire à l'axe du projectile au moment de l'éclatement; 3° de la charge explosive du projectile dont l'action varie suivant le modèle du projectile, mais reste négligeable par rapport aux deux autres, dans les obus à balles ou à mitraille des modèles actuels.

Par suite de leur forme irrégulière, les éclats des obus à balles en fonte ou les morceaux de galette des obus à mitraille sont considérablement influencés par la résistance de l'air, qui modifie leur direction et réduit notablement leur portée.

Les balles constituent l'élément principal de l'efficacité des obus à mitraille et des obus en fonte, et l'élément unique de l'efficacité des obus en acier.

Si donc l'axe du projectile se confond avec la trajectoire, comme il arrive pour la plus grande partie des portées obtenues avec une même charge, les balles, au moment de l'éclatement, se dispersent à l'intérieur d'un cône dont l'axe correspond à la tangente à la trajectoire. Les balles forment une gerbe régulière; et, par suite de leur distance variable à l'axe du projectile, elles sont réparties à l'intérieur du cône-enveloppe d'une manière sensiblement uniforme.

Pendant leur course, après l'éclatement, les balles soumises à l'action de la pesanteur ne suivent pas une ligne droite et s'abaissent au-dessous de leur direction initiale. Mais, si l'on considère la gerbe seulement à une petite distance du point d'éclatement, on se rend compte, d'une façon suffisamment exacte, de la dispersion sur le sol et de l'action des balles, en supposant qu'elles suivent une ligne droite.

La surface suivant laquelle elles rencontrent le sol correspond à une section conique. C'est une ellipse dans le cas où l'angle de chute est supérieur à la moitié de l'ouverture de gerbe (1).

Le tableau suivant fait connaître la demi-ouverture de la gerbe pour quelques canons et les charges usuelles.

| DIS-TANCES. | DEMI-OUVERTURE DE LA GERBE | | | | | | | | | | CANON de 75 M^le 97. |
| | 155 LONG. | | 120 LONG. | | 95. | | 155 COURT. | | | | |
	Ch. 0.	Ch. 1.	Ch. 0.	Ch. 1.	Ch. 0.	Ch. 1.	Ch. 0.	Ch. 1.	Ch. 2.	Ch. 3.	Obus à balles.
2,000...	»	»	»	»	8°55	7°49	10°10	10°31	10°54	11°32	8°57
3.000...	10°51	10°26	9°49	9°22	9 29	8 09	10 34	10 55	11 22	12 02	10 00
4.000...	11 33	11 00	10 32	9 53	9 58	8 25	10 56	11 20	11 48	»	10 51
5,000...	12 07	11 20	11 07	10 16	10 18	8 30	11 14	»	»	»	11 35
6,000...	13 34	11 40	11 32	10 29	»	»	»	»	»	»	»
7,000...	12 57	12 02	11 45	10 39	»	»	»	»	»	»	»

On remarquera que cette demi-ouverture de la gerbe augmente avec la distance. En effet, la vitesse de rotation du projectile décroît beaucoup moins vite que la vitesse restante, et l'influence de la force centrifuge augmente avec la portée.

Les figures qui suivent reproduisent à l'échelle de 1/1.000^e la trace sur le sol de trois gerbes de tir de plein fouet :

Fig. 11 : 75 mètres à 2.000 mètres.

Fig. 12 : 75 mètres à 4.000 mètres.

Fig. 13 : 155 L. charge 0 à 6.000 mètres en supposant l'éclatement produit à la hauteur-type.

EA, hauteur d'éclatement.

EP, trajectoire du projectile.

EM, EN, génératrices extrêmes du cône.

La ligne $p'p'$, qui passe par la trace P' de la trajectoire, limite la zone correspondant à la partie inférieure de la gerbe et contenant la moitié des balles. Si elle est assez étendue à 2.000 mètres, elle diminue

---

(1) En réalité, par suite de la chute des balles de la partie supérieure de la gerbe, toutes les courbes enveloppes, quelle que soit la section conique, ont une forme ovoïde, le petit bout du côté du point d'éclatement.

rapidement quand la distance augmente : de 74^m,5 à 2.000 mètres avec le 75, elle est réduite à 34^m,5 à 4.000 mètres. Avec le 155 L, à 6.000 mètres, elle est de 31 mètres.

Sur les figures 12 et 13, on a tracé la ligne $p_1'p_1'$ correspondant à la trace sur le sol d'un plan faisant au-dessus de la trajectoire et avec elle un angle égal au quart de l'ouverture de la gerbe. La zone comprise en-

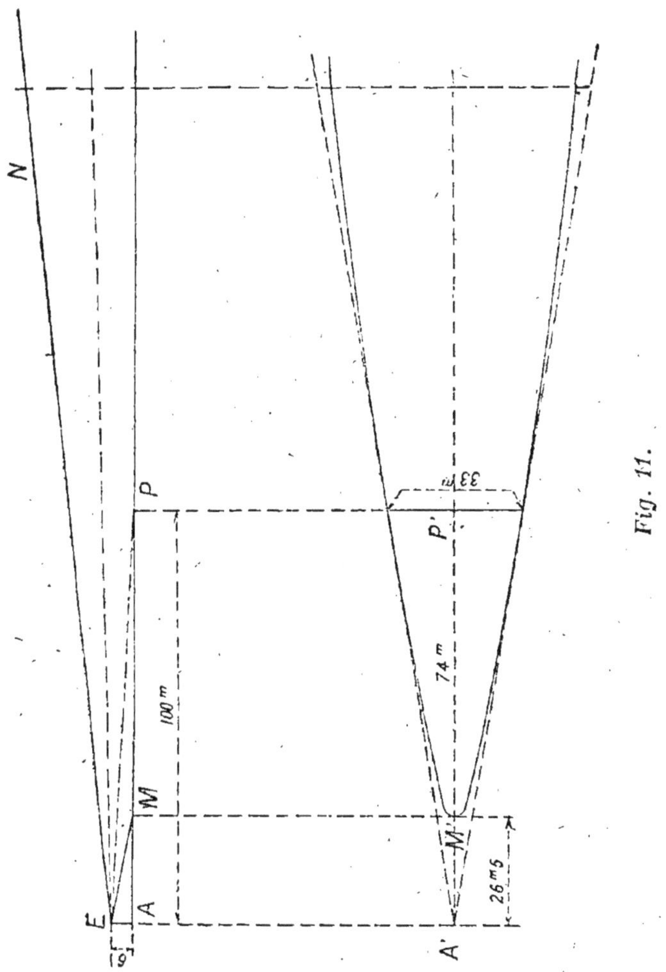

tre $p'p'$ et $p'_1p'_1$ reçoit près du tiers des balles; au delà, il n'en tombe environ que le sixième.

Si la densité des points de chute dans la zone P'P'$_1$ est beaucoup moins grande que dans la zone $M'p'p'$ et diminue à mesure qu'on va de M' à P'$_1$, on doit remarquer que l'angle de chute des balles diminue notablement de M' à P'$_1$ et que de P' à P'$_1$ ce qu'on perd en densité est compensé dans une certaine mesure par l'accroissement de la zone dangereuse de chaque balle pour un objectif vertical.

On voit que, **pour un objectif vertical de largeur indéfinie,** compris entre M' et P' : 1° le nombre total des atteintes n'est pas proportionnel à la densité des points de chute; 2° l'espace battu (nombre de files touchées)

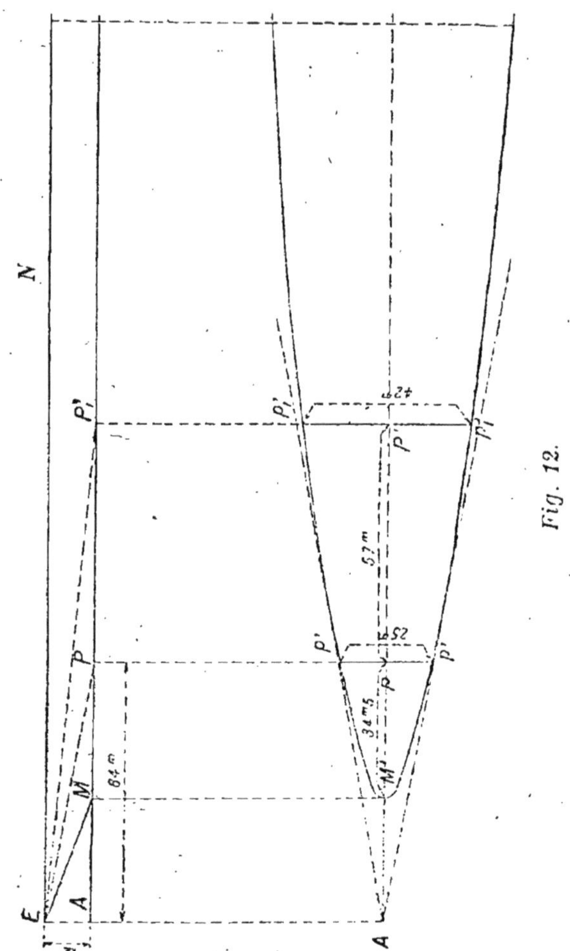

Fig. 12.

augmente de M' à P'₁; 3° l'efficacité, entre P'P'₁, n'est pas inférieure à celle qu'on obtient entre M'P'.

Ces observations conduisent à mettre en évidence que, si la trajectoire du projectile rencontre le sol, au delà de l'objectif, à une distance de 34m,5 (fig. 12) ou 31 mètres (fig. 13), c'est-à-dire si le coup est long de ces quantités, le projectile est inefficace. Si, au contraire, le tir est court de 57 mètres (fig. 12) ou 41 mètres (fig. 13), l'efficacité ne sera pas sensiblement diminuée.

D'autre part, dans le cas où la trajectoire moyenne passe par le but, la moitié des trajectoires passeront au delà.

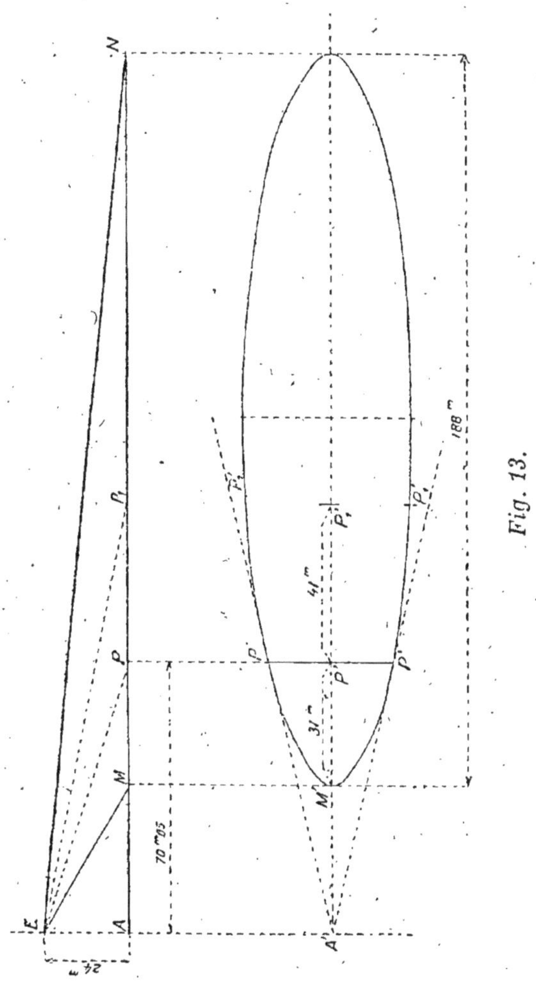

Des remarques précédentes ressort, d'une part, l'avantage d'exécuter le tir fusant avec une trajectoire moyenne courte, plutôt qu'avec une trajectoire moyenne correspondant au but; d'autre part, le désavantage absolu, en rase campagne, d'avoir une trajectoire longue, si faible que soit cette longueur.

Le cas de la figure 11 n'a pas été considéré dans les observations ci-dessus, parce que, l'angle de chute du projectile étant inférieur au quart de l'ouverture de la gerbe, le plan P_1 ne rencontre pas le sol. On se rendra compte, néanmoins, que les conclusions précédentes s'appliquent à ce cas.

9. Tir plongeant. — La figure 14 représente la trace sur le sol de la gerbe d'un obus à mitraille tiré dans le 155 C. à la charge 0 et à la distance de 5.000 mètres.

On remarquera combien la zone totale battue diminue quand on emploie le tir plongeant. Les observations précédentes sur les zones M'P' et P'P', s'appliquent également dans ce cas. Mais on remarquera que la précision du réglage doit être d'autant plus grande que l'angle de chute est plus grand et, pour une même distance de tir, que la charge est plus faible.

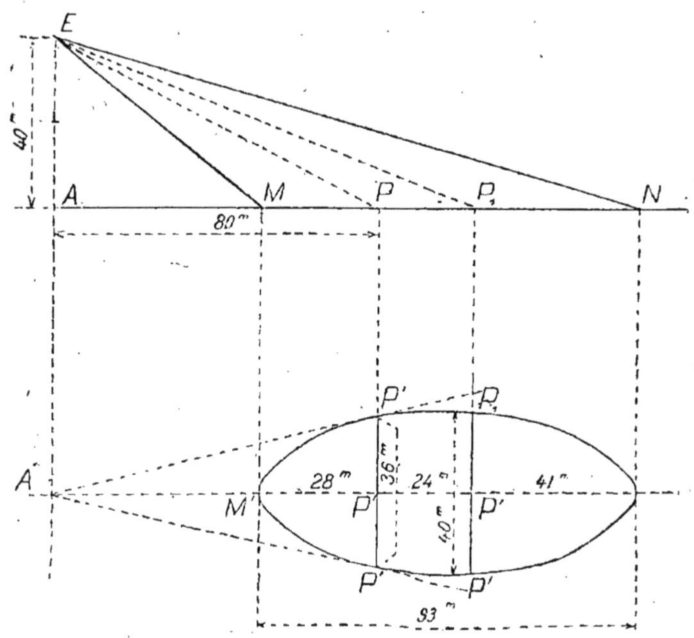

Fig. 14.

Il en résulte que, pour le tir fusant, contre des troupes découvertes, il faut toujours employer les plus fortes charges.

Mais, quand il s'agira d'atteindre des troupes abritées, le tir plongeant s'imposera. Si l'angle de chute est égal à l'angle de défilement, la partie supérieure de la gerbe sera sans effet et la gerbe inférieure seule pourra donner des résultats.

On voit, à l'inspection de la figure 14 correspondant à un angle de chute de 26°,44 et mieux de la figure 13 correspondant à un angle de chute de 19°, que la zone M'P' a trop peu de longueur pour qu'on ait des chances d'obtenir de bons résultats si la trajectoire moyenne passe, au delà de la crête, à une distance appréciable (25 à 30 mètres).

DÉPLACEMENTS DU POINT D'ÉCLATEMENT.

10. Le commandant du tir a les moyens de faire varier à son gré, séparément ou ensemble, la hauteur et l'intervalle d'éclatement en agissant sur la portée et sur l'évent. Si, en effet, l'angle de tir reste constant et que la durée soit augmentée (diminuée), le point d'éclatement se déplace sur la trajectoire et l'éclatement se produit en E' au delà (en E" en deçà) du point E; la hauteur et l'intervalle d'éclatement diminuent (augmentent) (fig. 15).

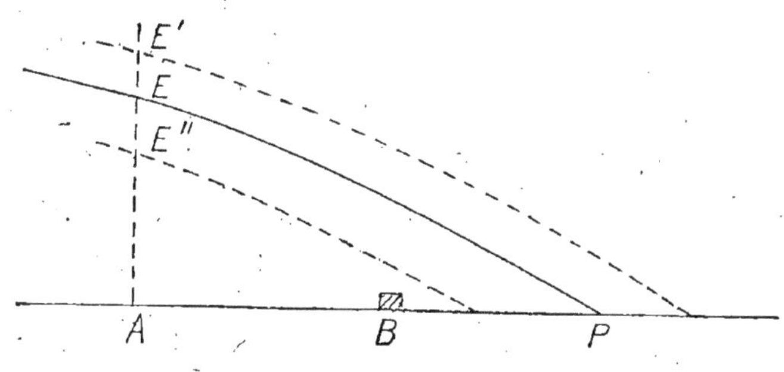

Fig. 15.

Si, conservant le même évent, on augmente (diminue) l'angle de tir, le point d'éclatement s'élèvera (s'abaissera) sur la verticale EA (fig. 16); la hauteur d'éclatement sera modifiée, l'intervalle restant le même.

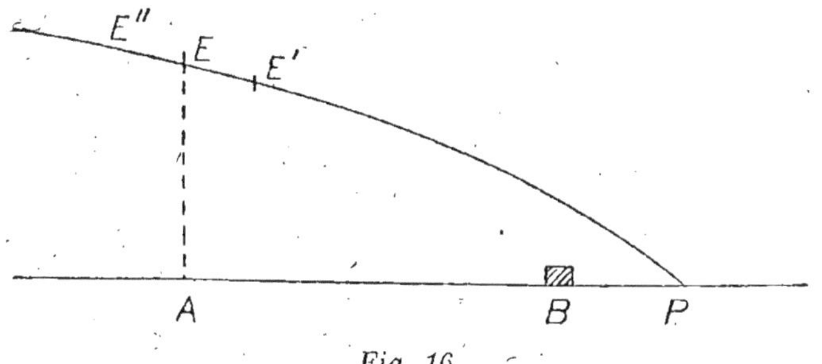

Fig. 16.

Si, enfin, faisant varier l'angle de tir, on veut conserver la même hauteur d'éclatement, il faut modifier parallèlement l'angle et l'évent.

Les débouchoirs automatiques font la modification
de l'évent en même temps que celle de la portée; quand.
on se sert de la pince-débouchoir, l'examen des tables
de tir ou l'emploi de la réglette de correspondance permet de déterminer la correspondance à établir parallèlement entre les modifications de l'angle et de l'évent.

LOIS DE LA DISPERSION DANS LE TIR FUSANT.

11. Les lois de la dispersion exposées dans le cas du
tir percutant s'appliquent encore lorsqu'on fait éclater
le projectile sur sa trajectoire après une durée déterminée, ce qui s'obtient en débouchant un évent.

Lorsque des projectiles du même modèle, armés de
fusées de même espèce, sont tirés dans les mêmes conditions, comme il est dit au n°.5, on observe encore
que les éclatements se produisent autour d'un point
moyen, dans le voisinage duquel ils sont plus serrés
qu'ailleurs.

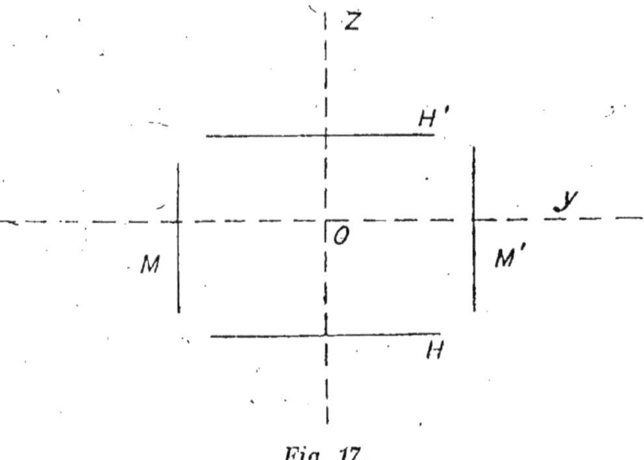

Fig. 17.

Aux causes d'écarts normaux des trajectoires, écarts
en portée et en direction, viennent se superposer les
écarts dus aux irrégularités de fonctionnement des
fusées. Les principales causes de ces irrégularités sont
les suivantes :

Différence de constitution des fusées. — On veille à
employer, autant que possible, dans les tirs qui comportent le débouchage de l'évent, des fusées provenant
d'un même lot.

Différence de débouchage des évents. — On réduit
cette cause d'irrégularité au minimum par l'instruc-

tion du personnel et surtout par l'emploi de plus en plus général de débouchoirs, en remplacement de la pince-débouchoir.

Ecarts probables de la fusée. — Si on note les positions des éclatements dans un plan vertical dirigé suivant la ligne de tir, on trouve les mêmes lois que celles qui ont été observées dans le tir sur un sol horizontal.

Si, par le point moyen O, on trace la verticale OZ et l'horizontale OY, on peut, pour chaque coup, noter la hauteur d'éclatement par rapport à OY et l'intervalle d'éclatement par rapport à OZ.

L'écart probable en hauteur de la fusée sera le huitième de l'intervalle des deux horizontales H et H'.

Et **l'écart probable en portée de la fusée,** le huitième de l'intervalle des deux verticales M et M', entre lesquelles se produisent les éclatements.

Les valeurs des écarts probables en portée et en hauteur de la fusée sont données par les tables de tir complètes.

CONSÉQUENCES DE LA DISPERSION.

12. On a vu précédemment les définitions relatives à un coup fusant isolé; lorsqu'on tire, dans les mêmes conditions d'angle et d'évent, une série de projectiles fusants, les ellipses correspondant à chaque projectile se recouvrent en partie; les balles et les éclats sont encore répartis dans l'intérieur d'une courbe-enveloppe semblable à celle d'un coup isolé; les balles et les éclats sont clairsemés vers les bords et plus nombreux vers le centre de la courbe, où se superposent les gerbes.

EFFICACITÉ D'UN TIR FUSANT.

13. Pour qu'un tir fusant soit efficace, il faut que les balles et les éclats qui atteignent le but aient à ce moment une force de pénétration suffisante et que leur nombre par unité de surface ne descende pas au-dessous d'un certain chiffre.

On augmente la surface battue en augmentant la hauteur d'éclatement. Il est facile de voir sur les figures 13 et 14 que, si EA augmente, MN augmente; en agissant sur la hauteur moyenne d'éclatement, on agit de la même manière sur chaque projectile, et ce qui s'applique à un projectile isolé s'applique à l'ensemble des projectiles dont le point moyen d'éclatement est en O (fig. 17). Mais, lorsqu'on relève la hauteur d'éclatement, le nombre des balles et des éclats par unité de surface diminue; le trajet qu'elles effectuent dans l'air est plus grand et ils perdent, par suite de la résistance de l'air, une partie de leur vitesse et de leur force de pénétration.

C'est l'expérience qui a fixé pour chaque genre de tir la hauteur et l'intervalle d'éclatement qui donnent la meilleure efficacité du tir fusant.

TIR PERCUTANT DES OBUS A BALLES.

14. Dans le tir de plein fouet et aux petites distances, si le sol était parfaitement élastique et uni, les projectiles, en ricochant, auraient un angle de relèvement sensiblement égal à l'angle de chute.

Par suite du temps nécessaire à l'explosion du projectile après son contact avec le sol, l'éclatement se produit après le relèvement.

Dans la figure 18 à l'échelle de 1/2.000ᵉ, on a reproduit le cas d'un obus à balles de 75 tiré à 1.500 mètres.

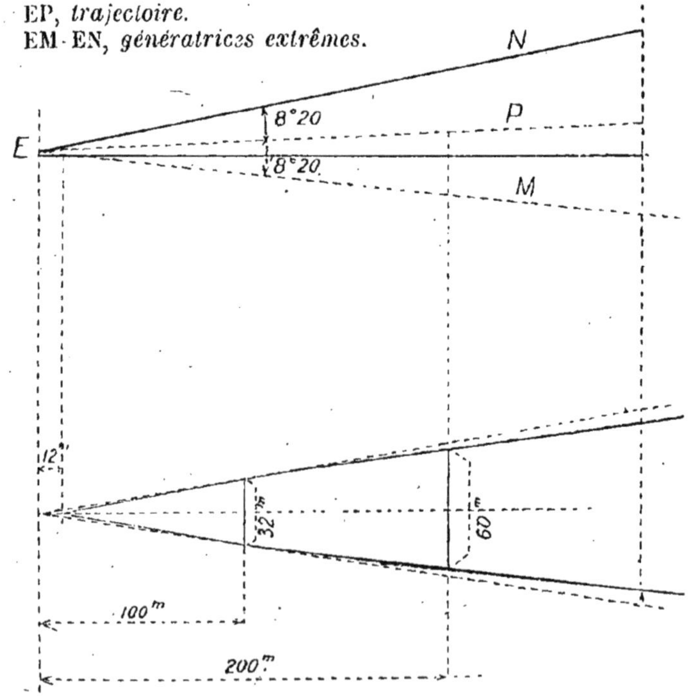

Fig. 18.

Les balles forment, au moment de l'éclatement, une gerbe conique dont l'ouverture est la même que dans le tir fusant et dont la trace sur le sol est une courbe correspondant, dans le voisinage du point de chute, à une courbe hyperbolique.

Parmi les balles, celles qui, au moment de l'éclatement, suivent une direction voisine de l'horizontale ont une trajectoire très tendue et battent tout le terrain jusqu'à leur rencontre avec le sol.

Celles dont la direction est sensiblement **au-dessous** de l'horizon rencontrent le sol très près du point de chute.

Celles dont la direction est sensiblement **au-dessus** de l'horizon ne retombent qu'avec une vitesse restante insuffisante pour être meurtrières.

Mais tout le sol est efficacement battu jusqu'à une distance telle que la vitesse restante d'une balle, lancée avec une vitesse égale à celle du projectile au point de chute, est suffisante pour qu'elle soit efficace.

Dans la réalité, le ricochet et l'éclatement ne se produisent pas avec la régularité supposée ci-dessus et ils sont influencés diversement par le terrain. Mais, tant que l'angle de relèvement n'est pas supérieur à la demi-ouverture de la gerbe, l'obus à balles percutant est très efficace. Pratiquement, on peut compter : 1° qu'il sera efficace tant que l'angle de chute ne dépasse pas sensiblement le quart de l'ouverture de la gerbe; 2° que l'espace efficacement battu s'étendra en moyenne jusqu'à 200 mètres du point de chute moyen.

CHAPITRE IV.

DÉTERMINATION DES ÉLÉMENTS D'UN TIR.

15. Quel que soit le genre de tir que l'on veuille exécuter, il y a toujours lieu de procéder aux deux opérations suivantes :

1° A la détermination des éléments initiaux qui serviront à tirer le premier coup de canon dans les conditions présumées les meilleures;

2° Au réglage (voir chapitre V), qui permet, par l'observation des coups, d'apporter aux éléments initiaux les corrections nécessaires pour rendre le tir le plus efficace possible.

La détermination des éléments initiaux se fait d'après ce que l'on connaît de l'objectif à l'aide des tables de tir.

L'Instruction sur le tir (Règles de tir) indique la manière d'utiliser les données des tables de tir pour tenir compte dans cette détermination du site, de l'influence du vent, et, s'il y a lieu (tir en montagne), de l'altitude de la batterie.

Les éléments initiaux seront d'autant meilleurs que les données qui servent au calcul seront plus exactes. Il importe donc de faire disparaître, autant que possible, les causes d'erreurs de nature à fausser systématiquement les données initiales; par exemple, une erreur sur les coordonnées de la pièce-guide ou du repère de pointage faussera systématiquement la distance ou l'angle de direction (1).

Les erreurs systématiques peuvent être sinon supprimées, du moins extrêmement réduites par les soins apportés à l'établissement des documents qui servent au tir et par les vérifications auxquelles ces documents sont soumis.

CHAPITRE V.

RÉGLAGE DU TIR.

CONSIDÉRATIONS GÉNÉRALES SUR LE RÉGLAGE.

16. La présence de causes d'erreurs systématiques est de nature, comme on l'a vu précédemment, à entacher d'erreur les éléments initiaux du tir.

D'autre part, les données des tables de tir ne sont réellement applicables que dans les cas où se représentent exactement les conditions des tirs qui ont servi à les établir; c'est ce qui n'arrive jamais dans la pratique.

Presque toujours la qualité de la poudre, le poids des projectiles, l'état de conservation des munitions, les circonstances atmosphériques, etc., viennent introduire dans le tir des variations dont on ne saurait évaluer *a priori* l'influence; en outre, des erreurs ont pu être commises dans la mesure ou l'appréciation des distances, de l'angle de site, dans les corrections faites pour tenir compte de l'influence du vent, de l'altitude de la batterie.

Pour ces diverses raisons, le point moyen correspondant aux éléments initiaux du tir différera, en général, du point pour lequel ces éléments ont été déterminés. Aussi est-il nécessaire de procéder au réglage

---

(1) Telle serait aussi l'erreur résultant de l'emploi d'une carte ou d'une planchette dont l'échelle véritable serait différente de celle indiquée.

du tir, c'est-à-dire d'apporter à l'angle, à la direction, et, éventuellement, à l'évent, des modifications dont l'observation des points de chute démontre l'opportunité.

Les différences entre les éléments résultant du réglage et les éléments initiaux calculés s'appellent, suivant l'élément auquel elles s'appliquent, correction de réglage de l'angle de la direction ou de l'évent.

Elles donnent une mesure expérimentale de l'influence des causes d'erreurs accidentelles et systématiques.

ÉCARTS PROBABLES PRATIQUES.
RÉGIME DES PIÈCES.

17. Les écarts probables inscrits dans les tables de tir (tables de tir complètes) résultent de tirs effectués dans des conditions spéciales de précision et avec des précautions qui ne peuvent être observées dans des tirs de guerre; aussi, dans ces derniers tirs, la zone de dispersion est-elle plus considérable et les écarts probables plus grands que ceux qu'indiquent les tables.

On admet que les *écarts probables pratiques* sont égaux à environ une fois et demie les écarts probables des tables. Les fourchettes inscrites dans les tables pratiques correspondent à quatre écarts probables en portée pratiques.

Si l'on envisage spécialement les points de chute résultant du tir de chacune des pièces d'une batterie placées dans les mêmes conditions de tir, à chacune d'elles correspondent un point moyen et une zone de dispersion particulière.

On entend par *régime d'une pièce*, par rapport à une autre pièce prise comme terme de comparaison, la différence entre la position des points moyens et entre l'étendue des zones de dispersion.

Dans un matériel bien entretenu et avec des pièces ayant peu tiré, le régime de toutes les pièces est comparable et on peut considérer les points de chute des projectiles tirés par différentes pièces comme s'ils avaient été tirés par une pièce unique (1).

Il n'y a que dans les tirs exigeant une grande précision qu'on doit tenir compte de l'existence des différences de régime des pièces, en faisant le réglage pour chaque pièce individuellement.

---

(1) A la condition que le lot de poudre et le poids des projectiles soient les mêmes.

L'influence de la différence du poids des projectiles peut être réduite en partie, si on prend la précaution de n'exécuter chaque tir qu'avec des projectiles pesant autant que possible le même poids.

On ne négligera jamais cette précaution dans les tirs de précision.

MÉTHODE GÉNÉRALE DE RÉGLAGE.
TIR PERCUTANT.

18. Le réglage de la portée comprend deux phases qui se succèdent l'une à l'autre : la première, qu'on appelle le *tir d'essai*, a pour objet de déterminer une *hausse* ou un *angle de tir provisoire* tel que la zone de dispersion qui y correspond contienne le but.

La deuxième, qu'on appelle *tir d'amélioration*, a pour objet de rechercher, par la manière dont se répartissent, en longs et en courts, une série de coups tirés sous l'angle de tir provisoire, la position du but dans la zone de dispersion correspondant à cet angle.

Tir d'essai. — La méthode générale de la conduite du tir d'essai peut toujours se ramener à la recherche, par le moyen de variations apportées à l'élément initial, d'un encadrement de plus en plus resserré du point à atteindre, entre deux trajectoires, dont l'une donne des coups longs et l'autre des coups courts.

Par cela même que des écarts dans les deux sens se sont produits, le commandant de batterie se trouve en possession d'une indication sur la portée qu'il s'agit de déterminer.

Si, par exemple, ce résultat a été fourni par les angles A et A+a, on sera autorisé (à moins de circonstances particulières, telles qu'une erreur d'observation) à conclure que l'angle cherché est compris entre A et A+a; et, de plus, la valeur $A+\dfrac{a}{2}$ obtenue en faisant la moyenne des deux limites de l'encadrement présente une probabilité plus grande que toute autre d'être la bonne.

En outre, si la valeur de l'encadrement a est exprimée en écarts probables, on aura même une indication sur la position relative du but et du point moyen correspondant à l'angle $A+\dfrac{a}{2}$, ainsi que le montre le tableau ci-après dont tous les éléments sont exprimés en écarts probables de la pièce.

La première colonne contient les valeurs de l'encadrement; la colonne suivante donne la quantité dont il faut multiplier l'écart probable pour avoir l'écart maximum du point moyen par rapport au but, lorsque les limites de l'encadrement ont été vérifiées (1) (993 fois sur 1.000 l'écart sera inférieur à ce produit).

---

(1) Il en est toujours ainsi dans le tir par section.

VALEURS DE L'ENCADREMENT.	QUANTITÉS.
0	2,58
1	2,75
2	2,98
3	3,26
4	3,59
5	3,94
6	4,32
7	4,73
8	5,17

Il résulte de l'examen de ce tableau que les indications données par l'encadrement, sur la position du point moyen, par rapport au but, sont d'autant plus précises que l'encadrement est plus étroit.

En principe, le tir d'essai s'effectuera de la façon suivante :

Selon que la portée correspondant à l'élément initial aura été observée courte ou longue, elle sera augmentée ou diminuée successivement d'une certaine quantité appelée le *bond* jusqu'à ce que le coup change de sens. A ce moment l'encadrement est réalisé.

Lorsque la position du but est bien connue et que le premier coup en est certainement très rapproché, on donne peu d'étendue au bond, de manière à arriver promptement à la fin du tir d'essai.

Si, au contraire, la position du but est incertaine et si le premier coup est visiblement très éloigné du but, l'amplitude du bond doit être assez grande pour obtenir assez vite le premier encadrement. Le premier encadrement étant obtenu, on le partage de manière à encadrer le but entre un coup long et un coup court formant les limites d'encadrements de plus en plus étroits.

On arrive ainsi à un dernier encadrement, dont l'étendue doit être telle que la zone de dispersion correspondant à la moyenne des deux portées contiendra le point à atteindre.

Il en sera ainsi en prenant un encadrement inférieur ou égal à quatre écarts probables et les limites de l'encadrement ayant été vérifiées. Ainsi que le montre le tableau des écarts, le point moyen correspondant à la moyenne de l'encadrement de quatre écarts probables est au plus à 3,59 écarts probables du but; la zone de dispersion s'étendant à quatre écarts probables (1) en deçà et en delà comprendra donc le but.

---

(1) Pratiques (voir n° 17).

Cet encadrement de quatre écarts probables porte spécialement le nom de *fourchette;* sa valeur est indiquée en angles ou en millimètres de hausse dans les tables pratiques de tir.

Amplitude du bond. — L'amplitude du bond est habituellement exprimée par rapport à la fourchette (égale à la fourchette, à la demi-fourchette, double de la fourchette).

Ces valeurs ne sont pas absolues et le commandant de batterie ne devra pas craindre de prendre pour la valeur du bond une valeur un peu différente s'il y a des coups non observés.

L'étude des formes du terrain aux environs de l'objectif le guidera dans cette circonstance (1).

Tir d'amélioration. — Le principe du tir d'amélioration est que, lorsque le but se trouve placé dans la zone de dispersion correspondant à un certain angle de tir, la proportion des coups courts et des coups longs permet d'évaluer en écarts probables la distance au but du point moyen de ladite zone.

Le tir d'amélioration s'exécute par série de six coups observés.

L'Instruction sur le tir (Règles de tir) indique les corrections à faire dans le cas où il n'y a pas égalité de coups courts et de coups longs pour ramener le point moyen sur le but.

Il y a lieu de remarquer que le tir ne pourrait donner avec certitude des indications sur la position du point moyen par rapport au but que si le nombre des coups était assez grand pour qu'on puisse appliquer le tableau des probabilités. Il n'en est pas de même lorsque le nombre des coups est faible, et c'est ainsi, par exemple, que, si un tir d'amélioration de six coups a donné égalité de coups courts et de coups longs, le point moyen peut se trouver à une distance du but égale à 1,8 écarts probables (*Aide-Mémoire,* chapitre XV).

Il résulte de ce qui vient d'être dit qu'il ne faut accepter qu'avec réserve l'angle de réglage résultant du tir d'amélioration, et que, dans les tirs qui exigent un réglage très précis, il y a lieu de profiter de l'observation des coups ultérieurs pour améliorer cet angle.

Direction. — Le réglage en direction est mené concurremment avec celui de la portée. Il se fait ordinairement d'une manière indépendante pour chacune des

---

(1) Si, par exemple, l'examen de la carte a montré que le terrain sur lequel les coups sont observables n'est que de 100 mètres, les bonds devront être inférieurs à cette distance.

pièces de la batterie. La grandeur de l'écart en direction par rapport à un point peut, en effet, être exactement mesurée, tandis qu'en portée on n'a généralement que le sens du coup et non la grandeur de l'écart par rapport au but. Cependant, si la préparation du tir est bien faite et s'il ne s'agit pas d'obtenir un tir très précis en direction, la correction résultant d'un écart, observé par une pièce, peut être appliquée à toutes les autres.

Contre des buts étroits (ou ne présentant qu'une partie étroite pour l'observation en portée), il importe de ramener le plus tôt possible les éclatements dans la direction du but.

L'instruction sur le tir (Règles de tir) indique la manière de procéder.

RÉGLAGE DU TIR FUSANT.

19. L'objet du réglage du tir fusant est d'obtenir la hauteur dite **hauteur-type** et l'**intervalle d'éclatement** qui assurent au projectile le maximum d'efficacité et dont l'expérience a fait connaître la valeur.

Il y a donc lieu de déterminer d'abord les éléments de la trajectoire passant, suivant le cas, par le but, en deçà ou au delà, à l'intervalle d'éclatement cherché; puis, sur cette trajectoire, amener par des modifications de la durée l'éclatement à se produire à la hauteur-type.

L'expérience a montré que l'on se trouvait dans de bonnes conditions en prenant la trajectoire du but et en faisant éclater sur cette trajectoire des coups fusants à des hauteurs telles qu'elles soient vues depuis la batterie, sous un certain angle dont les valeurs sont indiquées dans l'Instruction sur le tir (Règles de tir).

Habituellement, les éclatements concernant la portée et la direction sont déterminés au préalable à l'aide d'un tir percutant. L'évent initial à déboucher, donné par les tables pratiques de tir, correspond à la durée de trajet diminuée d'une quantité telle que l'éclatement se produise à une hauteur convenable au-dessus du sol.

Si le pointage s'exécute au niveau, il faut tenir compte de l'existence de l'angle de site comme l'indique l'Instruction sur le tir (Règles de tir).

Le réglage de l'évent est exécuté d'une manière indépendante au moyen d'une ou plusieurs séries de coups; à la suite de chacune d'elles, des corrections convenables sont apportées à la durée jusqu'à ce que les éclatements se produisent à la hauteur-type ou moitié en dessus et moitié en dessous.

RÉGLAGE EN PORTÉE PAR LES COUPS FUSANTS.

20. Dans certains cas, lorsque les coups percutants ne peuvent pas être observés, ou lorsque la nature du sol né provoque pas l'éclatement régulier des projectiles tirés percutants, on a recours au réglage en portée par les coups fusants. On cherche à encadrer le but entre deux coups fusants pour en déduire la position par rapport au but du point où la trajectoire aurait rencontré le sol.

Le réglage en portée par les coups fusants s'exécute de deux manières suivant les conditions du tir.

Dans le premier cas, **réglage par les coups fusants bas,** on cherche à provoquer les éclatements au ras du sol, de telle manière que les positions des points E et P ci-dessus puissent être confondues et que l'on puisse considérer comme longue la trajectoire sur laquelle s'est produit un éclatement observé long, et courte celle sur laquelle s'est produit un éclatement court.

Il convient, dans l'application de cette méthode, de remarquer que, si la trajectoire est toujours longue lorsque l'éclatement paraît long par rapport au but

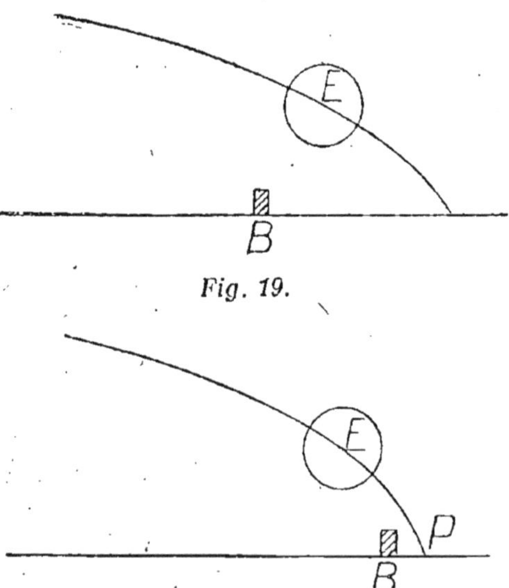

Fig. 19.

Fig. 20.

(fig. 19), il serait dangereux de conclure à une trajectoire courte lorsque l'éclatement paraît court par rapport au but, ce coup pouvant appartenir à une trajectoire longue (fig. 20).

Ne sont vraiment courts, c'est-à-dire correspondant
à une trajectoire courte, que les coups observés courts
et éclatant au ras du sol (fig. 21) ou percutants, ou
éclatant au-dessous du pied du but (fig. 22) (1).

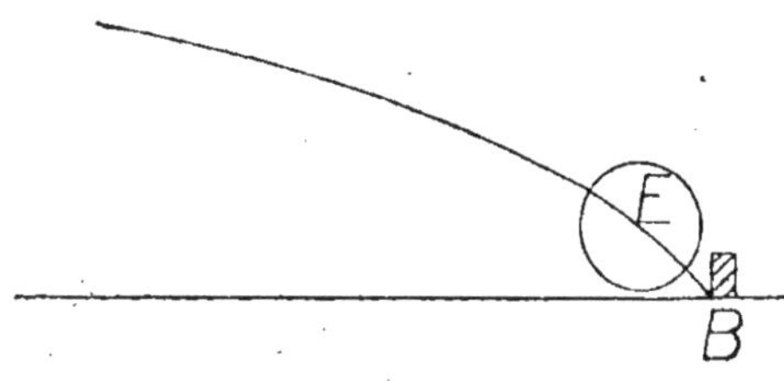

Fig. 21.

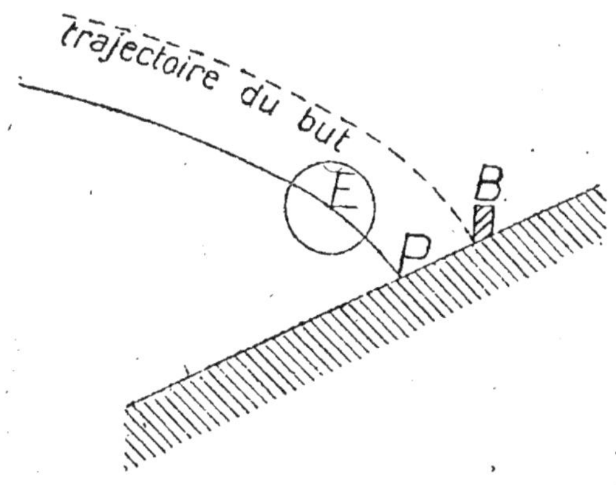

Fig. 22.

Dans le deuxième cas, *réglage par les coups fusants
hauts*, les éclatements sont amenés à se produire à une
certaine hauteur qui en permette l'observation facile;
le tir est conduit de manière à amener les éclatements
à se produire sur la verticale du but; il est dès lors possible, connaissant la hauteur d'éclatement, de calculer

---

(1) On remarquera que l'observation de ces coups n'est possible qu'à
la condition d'avoir un but s'élevant d'une certaine hauteur au-dessus
du sol environnant. Cette hauteur étant toujours faible, il est d'autant
plus difficile d'avoir des coups observables que la distance du but est
plus grande.

de combien est longue par rapport au but la trajectoire sur laquelle se sont produits les éclatements (1).

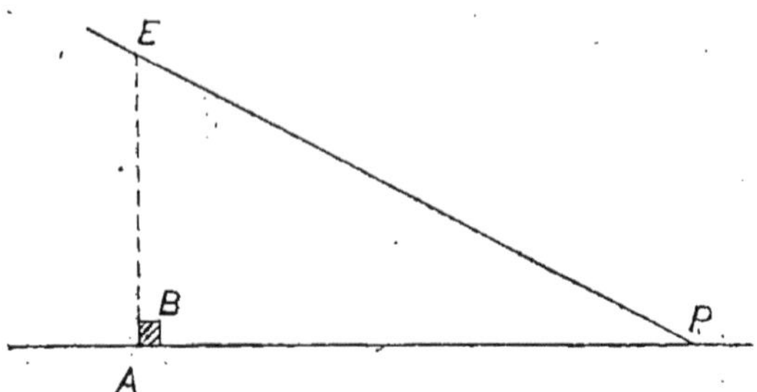

Fig. 23.

L'Instruction sur le tir donne les règles à suivre pour faire cette détermination.

CHAPITRE VI.

CONDUITE DU TIR.

21. L'Instruction sur le tir indique, pour les différents cas qui peuvent se présenter, la succession pratique des opérations à effectuer pour régler le tir. Les méthodes qu'elle donne sont l'application raisonnée des principes exposés plus haut.

Les opérations du réglage sont poussées plus ou moins loin suivant la nature de l'objectif, le but poursuivi et surtout le temps dont on dispose.

Contre des buts fixes, lorsqu'il importe, pour obtenir le maximum de résultats avec la moindre consommation de projectiles, d'avoir avec la plus grande approximation les éléments de tir correspondant au but, on exécutera un **réglage complet.**

Lorsque le feu sera dirigé contre un but qu'on saura devoir n'y être exposé que peu de temps, les opérations du réglage seront abrégées et on se bornera à la détermination d'un encadrement large.

Parfois même le réglage sera complètement supprimé, mais dans le cas seulement où le tir ne devra avoir qu'une très courte durée et où en même temps se trouveront réalisées les conditions suivantes :

Le but sera invisible.

---

(1) On doit remarquer qu'il n'est possible d'apprécier si un projectile éclate sur la verticale du but qu'au moyen d'observations latérales.

Sa position sera parfaitement connue et les éléments initiaux auront pu être déterminés avec une grande exactitude.

Le tir s'exécute alors en se fixant, à partir de l'angle initial calculé pour le but, un encadrement tel qu'il comprenne sûrement l'angle qu'aurait pu donner un réglage direct; on opère de même pour la direction.

Dans ces diverses circonstances, il est fait généralement usage de projectiles fusants. Pour avoir plus de chances d'atteindre le but et pour obtenir une répartition convenable des feux, on échelonne les angles et les durées et, s'il y a lieu, les directions.

Il est très important de chercher, soit avant soit pendant le tir, à restreindre au minimum l'étendue de la zone battue en mettant à profit tous les renseignements qu'on peut se procurer et tous les indices qu'on peut recueillir sur les effets du tir.

DE L'OBSERVATION DANS LE TIR.

22. Quelles que soient les conditions de l'observation et les instruments employés, il importe au plus haut point, pour la bonne exécution du réglage, de se tenir en garde contre les erreurs d'observation et surtout contre celles qui pourraient être commises dans l'appréciation du sens des écarts des premiers coups.

Dans l'exécution d'un réglage complet, une erreur d'observation a des conséquences beaucoup plus graves au début que dans le cours ou à la fin du réglage; car les vérifications qu'entraîne cette erreur conduisent à une plus grande consommation de munitions et à une perte de temps.

Dans le cas où le réglage ne comporte que la recherche d'un encadrement large, les conséquences peuvent être encore plus graves; l'exécution du tir fusant dans les limites d'une fourchette large ne contenant pas le but ne fera pas ressortir l'erreur commise et le tir pourra être complètement inefficace.

Le commandant de batterie devra, au moment même de l'occupation de la batterie, procéder aux études et reconnaissances nécessaires pour se placer dans les meilleures conditions au point de vue de l'observation. Les renseignements de l'autorité supérieure lui feront connaître les parties du terrain dans lequel seront vraisemblablement situés les objectifs du tir.

L'étude des formes et de la nature du terrain permettra souvent, d'avance, de se rendre compte des régions dans lesquelles les coups percutants n'éclateront pas, ou bien où l'éclatement ne sera pas visible.

Cette considération pourra, dans certains cas, amener à tenir compte du sens de certains coups qui auront échappé à l'observation; dans d'autres cas, la marche des opérations que comporte le tir d'essai sera modifiée et le commandant de batterie procédera par de faibles variations de l'angle de tir jusqu'à ce que l'observation lui ait donné un encadrement contenant le but, encadrement qui pourra différer de l'encadrement habituel (fourchette ou demi-fourchette) (1).

La reconnaissance des postes d'observation d'où l'on peut avoir les meilleures vues sur les parties du terrain où se trouveront vraisemblablement situés les objectifs, sera faite dès l'occupation de la batterie.

Il serait désirable que le poste d'observation fût à la batterie. Mais on sera souvent obligé de prendre le poste d'observation en avant et quelquefois latéralement par rapport à la ligne de tir, soit à cause du défilement du matériel, soit parce que, le but étant éloigné, l'observation aurait lieu à une trop grande distance et ne serait ni facile ni sûre. L'Instruction sur le tir (Règles de tir) indique la manière d'utiliser les renseignements provenant d'observateurs latéraux.

CHAPITRE VII.

UTILISATION DES RÉSULTATS DES TIRS ANTÉRIEURS.

23. La méthode générale de réglage exposée au chapitre V s'applique quelle que soit l'approximation avec laquelle ont été déterminés les éléments initiaux.

Lorsque cette détermination est faite en partant de données initiales incertaines, dans le cas par exemple où la distance réelle résulte d'une approximation à vue, chaque nouveau tir comporte un réglage particulier.

Mais, dans la guerre de siège, les données initiales résultent, presque toujours, de l'emploi de documents (planchettes, cartes) établis avec précision et il est possible, dans une certaine mesure, de tenir compte de corrections exécutées dans les réglages antérieurs.

En effet, quelle que soit la part d'influence qui revient à chacune des causes perturbatrices accidentelles, dans les variations du tir et dans la grandeur des corrections, l'étude des trajectoires montre que, si les causes perturbatrices accidentelles restent les mêmes,

---

(1) Tel sera le cas où les coups, tombant à petite distance en avant ou en arrière du but, ne sont pas observables (ravins, bois, marais, etc.).

elles agissent dans le même sens lorsque des tirs sont exécutés sur des buts différents, et les corrections qui en résultent sont de même sens.

On pourra donc, au moment de la détermination des éléments initiaux relatifs à un but, utiliser les indications données par un tir exécuté précédemment dans les mêmes conditions, ainsi qu'il va être indiqué ci-après.

TRANSPORT DE TIR. — MÉTHODE RÉGULIÈRE.

24. Le transport de tir consiste à déterminer, à l'aide des résultats obtenus dans un tir parfaitement réglé sur un certain but (but auxiliaire), les éléments à adopter pour le tir sur un autre but (but définitif) ne se prêtant pas à une observation continue.

L'Instruction sur le tir (Règles de tir) indique les conditions à remplir, en ce qui concerne les positions relatives des deux buts, pour que la méthode soit applicable.

Les deux tirs doivent se succéder l'un à l'autre et être exécutés avec la même poudre et les mêmes projectiles; ils sont alors affectés par les mêmes causes perturbatrices.

En ce qui concerne la **direction** et l'**évent,** on peut admettre que les corrections de réglage obtenues dans le tir sur le but auxiliaire peuvent être simplement reportées sur les éléments calculés pour le but définitif.

En ce qui concerne la **portée,** l'Instruction sur le tir (Règles de tir) indique les opérations à faire à l'aide de l'angle de tir de réglage et de l'angle de site pour déterminer la **distance de réglage,** c'est-à-dire la distance fictive qu'il faudrait mettre à la place de la distance lue sur la planchette dans le calcul de l'angle initial, pour que celui-ci fût égal à l'angle de réglage. Il se trouve que, *dans les limites d'application du transport de tir, les distances de réglage correspondant à deux buts sont sensiblement proportionnelles aux distances réelles.*

Si donc on a déterminé par le tir la distance de réglage pour le but auxiliaire, on pourra calculer, par une simple proportion, la distance de réglage du but définitif. Ces différentes opérations constituent **la méthode régulière de transport de tir en portée.**

Le rapport, constant dans certaines limites, de la distance de réglage à la distance réelle s'appelle **coefficient de réglage.**

On donne le nom **de correction de réglage en portée** à la différence positive ou négative entre la distance de réglage en portée (sur le but auxiliaire ou le but définitif) et la distance réelle du but. Ces corrections de réglage sont, comme les distances de réglage, proportionnelles aux distances réelles des buts.

MÉTHODE DE TRANSPORT ET TIR SIMPLIFIÉE.

25. Les corrections de réglage en angle ne sont pas dans un rapport numériquement simple avec les corrections de réglage en portée.

On indiquera simplement qu'elles varient dans le même sens et que pour deux distances la plus grande correction en angles correspond au plus grand angle de tir.

La méthode de transport de tir simplifiée consiste à modifier l'angle de tir initial calculé sur le but définitif de la correction de réglage en angles trouvée sur le but auxiliaire.

Cette méthode donne lieu à des calculs beaucoup plus rapides que la méthode régulière de transport, mais l'angle de tir qui en résulte pour le but définitif est moins exact que celui que donne l'emploi de la méthode régulière.

La méthode de transport de tir simplifiée convient dans les cas suivants :

Les deux buts sont voisins; dans ce cas les corrections de réglage différeront peu et l'on pourra substituer la correction de réglage en angles trouvée par le réglage sur but auxiliaire à celle qui conviendrait au but définitif.

Le coefficient de réglage est voisin de 1, ce qui revient à dire que les corrections de réglage sont petites. Dans ce cas, on ne commettra pas une grande erreur en substituant la petite correction d'angles résultant du tir sur but auxiliaire à la petite correction qu'il conviendrait de faire à l'angle calculé pour le but définitif.

Dans certains cas, il est plus rapide et aussi précis de prendre pour le but définitif l'angle de la distance correspondant à l'angle du but auxiliaire augmentée de la différence des distances des deux buts (1).

L'Instruction sur le tir (Règles de tir) indique les limites qu'il y a lieu de ne pas dépasser dans l'un et l'autre cas (distance des buts auxiliaire et définitif — valeur du coefficient de réglage en portée) pour que l'application de la méthode de transport de tir simplifiée conduise à des résultats suffisamment approchés.

REMARQUES SUR LE TRANSPORT DE TIR.

26. La méthode du transport de tir est fondée sur la proportionnalité des distances de réglage aux distances réelles; il s'ensuit que les distances et les angles de site des buts auxiliaire et définitif doivent être connus exactement et que l'angle de tir de réglage sur but

---

(1) En tenant compte, bien entendu, de l'angle de site.

auxiliaire, qui sert à la détermination de la distance de réglage, doit résulter d'un tir précis.

Ces conditions ne sont jamais entièrement remplies; de petites erreurs peuvent entacher les distances ou les angles de site; l'angle de tir de réglage sur but auxiliaire n'est connu qu'avec l'approximation que comporte un tir d'amélioration (voir n° 18). Il est donc nécessaire de soumettre aussitôt que possible les éléments résultant du transport sur but définitif à l'observation. Les opérations à effectuer à cet effet constituent **le contrôle du tir transporté.**

REPORT DES RÉSULTATS D'UN TIR.

27. Lorsqu'on ne se trouve pas dans les limites d'emploi de la méthode de tir simplifiée, mais que la détermination de l'angle initial ne comporte pas la précision qui résulterait de l'emploi de la méthode de transport régulière, on peut se contenter, comme dans la méthode de transport simplifiée, de reporter sur les éléments calculés à l'aide des tables de tir pour un second but, les corrections résultant du réglage sur un premier but.

Le sens des corrections de réglage convenant aux deux buts étant le même, le report des corrections de réglage donnera pour le second but des éléments initiaux plus approchés que les éléments calculés.

INFLUENCE DES CAUSES D'ERREUR SYSTÉMATIQUES.

28. En principe, il importe pour qu'il puisse être fait état des résultats d'un tir antérieur, que les corrections de réglage soient uniquement dues à des causes perturbatrices accidentelles.

Les principes du transport ou du report de tir ne sont applicables dans le cas où les données initiales sont entachées d'erreurs systématiques, que lorsque les variations qui en résultent peuvent être traitées d'après les mêmes règles que les variations qui proviennent des causes perturbatrices accidentelles.

C'est ainsi qu'en direction les corrections de réglage dues aux causes perturbatrices accidentelles étant les mêmes pour deux buts, les erreurs sur la direction, résultant de causes d'erreurs systématiques devront être les mêmes. Tel sera, par exemple, le cas où les coordonnées de la pièce-guide et des buts étant exacts, une erreur aura été commise sur la position du repère.

En portée, les corrections de réglage en portée dues aux causes perturbatrices accidentelles sont proportionnelles aux distances réelles; les erreurs sur les distances résultant de causes systématiques devront être proportionnelles aux distances réelles. Tel sera le cas où on se sert, pour la détermination des distances des buts, d'une planchette établie à une échelle différente de celle qu'elle indique.

CARNET DE TIR. — GÉNÉRALISATION DU TRANSPORT DE TIR.

29. Le carnet de tir spécial à chaque batterie est particulièrement destiné à l'enregistrement des résultats des tirs. Il fait connaître pour chaque tir, les conditions d'exécution, la correction de réglage en angles et le coefficient de réglage en portée.

Si les conditions dans lesquelles sont exécutés les tirs restaient toujours les mêmes (poudre, projectiles, état atmosphérique), on pourrait, à l'aide des renseignements extraits du Carnet de tir, déduire, en comparaison avec les tables de tir pratiques, les éléments d'une table de tir spéciale à ces conditions de tir, en faisant correspondre à chaque distance soit la correction de réglage en angles, soit le coefficient de réglage en portée.

Une telle table étant supposée établie, elle serait utilisée dans les mêmes conditions que les tables de tir pratiques pour la détermination des éléments initiaux et pour les opérations de transport et de report de tir.

L'examen des carnets de tir montre que dans une même batterie, lorsque la poudre et les projectiles restent les mêmes et que les conditions atmosphériques ont seules varié, ce qui a lieu pour des tirs faits à des jours différents avec les mêmes munitions, les coefficients de réglage qui résultent des tirs ont une valeur à peu près constante qui peut d'ailleurs différer nettement de l'unité; il sera donc possible de considérer comme venant d'être exécutés des tirs faits antérieurement et on sera en droit de se servir des indications que le réglage avait données.

30. Les considérations qui précèdent trouvent leur application dans les cas suivants :

Détermination de l'angle initial. — Après avoir cherché dans les tirs antérieurs un tir qui se rapproche au point de vue poudre, munitions, distance, du tir à exécuter, on substitue pour le calcul de l'angle initial à l'aide des tables pratiques, à la distance réelle, cette distance multipliée par le coefficient de réglage trouvé dans le tir antérieur.

Cette manière de procéder correspond à un transport de tir exécuté par la méthode régulière, le tir antérieur servant de tir sur but auxiliaire. Elle s'appliquerait exactement si les conditions d'exécution des tirs se trouvaient être les mêmes; elle donnera des éléments initiaux très approchés si les conditions ont peu varié, ce qui se produit dans la pratique ainsi que le montre la valeur à peu près constante du coefficient de réglage.

Dans les vérifications du transport de tir, l'observation directe sur le but auxiliaire et le contrôle du tir sur le but définitif font connaître, pour les conditions actuelles du tir, les angles qui correspondent aux deux buts. Si les conditions du tir viennent à changer, on exécute à partir de ces angles un transport de tir simplifié en modifiant l'angle de tir du but définitif, de la correction de réglage par rapport à l'angle du but auxiliaire donnée par la vérification de l'angle.

Lorsqu'il importe simplement d'avoir un angle de tir approché et que la détermination de l'angle de tir initial sur un but a été préparée à l'aide des tables de tir pratiques, on **reporte** sur cet angle la correction d'angle trouvée dans un tir précédent dont les conditions d'exécution se rapprochent des conditions du tir à exécuter. Cette opération correspond à un transport de tir simplifié.

Dans le cas d'un changement d'espèce de projectiles au cours d'un tir, les tables de tir donnent, par la différence des angles de tir correspondant aux deux projectiles pour la même distance, une correction qui est reportée sur l'angle obtenu dans le tir en cours d'exécution.

CHAPITRE VIII.

NOTES COMPLÉMENTAIRES SUR LES MÉTHODES DE TIR DONNÉES A L'APPENDICE.

TIR VERTICAL.

31. Correction de site. — La méthode employée pour faire la correction de site s'appuie sur les considérations suivantes :

Considérons une trajectoire de tir vertical OP; M (N) étant un objectif situé à une distance OA (OB) et présentant une différence d'altitude MA (NB); la trajectoire qui permet de l'atteindre est celle qui passe par P; OP est plus grand que OA (plus petit que OB). Il suffira, pour faire la correction de site, de substituer, dans la recherche de l'angle de tir, la distance OP à la distance OA (OB); la correction de distance sera positive lorsque le but est plus élevé que la pièce, négative dans le cas contraire.

La valeur de AP (BP) dépend de la forme même de la trajectoire; mais le calcul montre que dans le tir ver-

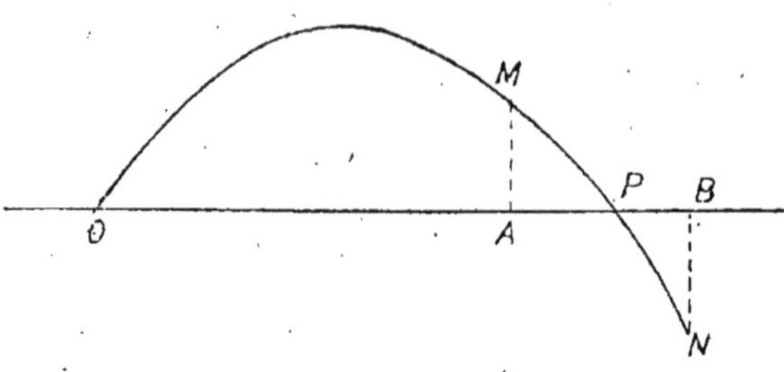

Fig. 24.

tical on a une approximation très suffisante en prenant AP (BP) égal à la moitié de AM (BN).

TIR PAR OBSERVATION BILATÉRALE.

32. L'emploi d'un seul observateur exige que l'objectif et la fumée produite par l'éclatement présentent une certaine visibilité.

La première de ces conditions n'est pas toujours remplie, la seconde ne l'est jamais dans le tir de nuit.

On a recours à l'observation bilatérale qui ne tient compte que de la direction du coup et qui, par conséquent, n'a besoin que d'un point de l'objectif, et, la nuit, de la lueur de l'éclatement.

33. Dans l'étude de la méthode décrite dans l'appendice de l'Instruction sur le tir, il y a lieu de s'arrêter à l'emploi des indices et de déterminer quel peut être leur degré de précision.

D'après l'Instruction sur le tir, on doit considérer comme éclatant à la distance du but ou à une distance très voisine, tout coup dont l'indice est nul, comme long tout coup dont l'indice est positif, comme court tout coup dont l'indice est négatif.

A quelle condition cette règle est-elle exacte ?

Soient G et D les deux postes d'observation, B le but. Considérons la circonférence passant par ces trois points.

L'indice d'un point E sera nul, négatif ou positif suivant que ce point se trouvera sur la circonférence, à l'intérieur de cette circonférence ou à l'extérieur.

En effet, par définition :

E_1 a pour indice $+ i - i'$ (1) et $i = i'$.
E_2 — $- k + k'$ et k k'
E_3 — $- k + k_1$ et k'_1 k

La considération des indices nous donne donc la position des points E_1 E_2 E_3 par rapport à la circonférence BGD.

Comme les angles tels que i et k sont en général très petits, l'arc de circonférence E_1 BE'_1 peut être confondu avec la tangente TT' en B à la circonférence (2).

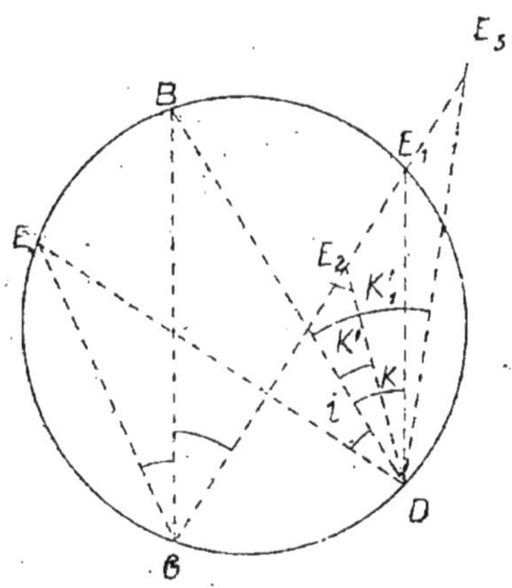

Fig. 25.

Pour que les indications données par les indices puissent s'appliquer à l'observation des portées, il faut que la tangente TT' se confonde avec la perpendiculaire MM' à la ligne de tir. En effet, les coups tombant dans la région MBT ont un indice positif quoiqu'ils soient courts, et ceux tombant dans la région M'BT' ont un indice négatif quoiqu'ils soient longs.

Il faut donc, dans la pratique, se rapprocher autant que possible de la condition suivante : **que la circonférence passant par le but et par les deux postes d'observation ait son centre sur la ligne de tir.**

---

(1) Les écarts latéraux tels que i ou k ne sont autre chose que les parallaxes de l'intervalle entre le point d'éclatement du coup et le point visé par l'observateur.

(2) Cela est sensiblement vrai tant que les angles tels que i et k ne dépassent pas 35 décigrades.

Cette condition est notablement réalisée quand la base d'observation est perpendiculaire à la ligne de

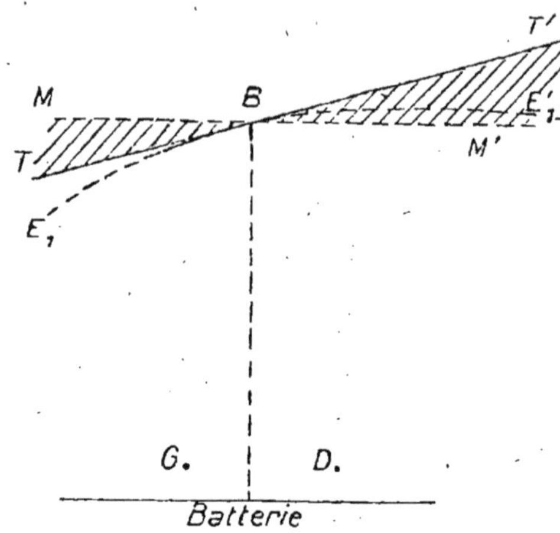

Fig. 26.

tir et que les deux postes sont à égale distance de chaque côté de cette ligne.

34. Il est évident que la condition énoncée plus haut pourra rarement être réalisée dans la pratique; on cherchera à s'en rapprocher le plus possible, en étudiant sur la carte les emplacements les plus favorables pour les postes d'observation.

Une inclinaison de 10° de la tangente en B sur la perpendiculaire à la ligne de tir peut être admise.

35. Il importe de remarquer que, dans le raisonnement développé au n° 32, on n'a supposé à aucun moment que les deux postes G et B se trouvaient de part et d'autre de la ligne de tir.

La méthode s'applique donc intégralement au cas où les observateurs sont placés du même côté de la batterie.

36. Il reste à examiner quelle est la précision que comporte la méthode.

La valeur de l'encadrement est comprise entre les valeurs des encadrements que l'on trouverait pour l'un ou pour l'autre observatoire en supposant un observateur à la batterie, encadrement que l'on calculerait par la méthode du renvoi 1 du n° 103.

Par mesure de sécurité, on prendra le plus grand encadrement.

Si la précision dans la mesure des écarts est supérieure à 1 décigrade, la grandeur de MB sera réduite pour en tenir compte (1).

Le tableau ci-après permet de comparer la valeur de la fourchette avec celle de l'encadrement minimum que le procédé permet d'obtenir quand on évalue les écarts à 1/2 décigrade près.

On suppose les observateurs placés de part et d'autre de la ligne de tir et à égale distance de chaque côté; la distance de l'observateur au but étant sensiblement égale à la distance de tir.

Soit D la distance de tir, b la moitié de la base d'observation. L'encadrement sera égal à :

$$2 + 1,57 \, D_k + \frac{D}{b}$$

DISTANCES. D.	$b=130.$	$b=200.$	$b=250.$	95.	120 LONG.		155 LONG.		155 COURT.	
	ENCADREMENT MINIMUM.			O. M	O. M.	O. A.	O. M.	O. A.	O. M.	O. A.
2,000........	42	31	25	43	108	105	83	88	73	54
3,000........	95	70	56	46	132	129	94	191	88	70
4,000........	170	127	101	64	160	158	107	116	104	87
5,000........	267	199	158	98	192	190	121	133	122	105
6,000........	387	288	228	156	228	226	136	151	134	127
7,000........	530	393	311	240	267	265	154	172	»	»
8.000........	696	516	408	350	310	305	174	193	»	»
9,000........	895	641	518	»	355	249	196	216	»	»

(1) C'est ce qui résulte de la figure ci-après.

B'M et B'N étant les parallèles aux lignes d'observation, correspondant à la précision de l'écart, le 1/2 encadrement sera BB' (but) compris entre BQ et BP.

Or, BP (BQ) est justement l'encadrement qu'on aurait trouvé pour l'observateur de droite (gauche) par les constructions indiquées au renvoi 1 du n° 103.

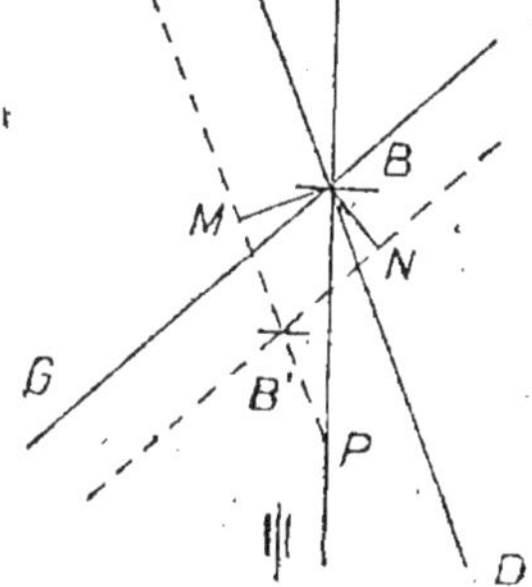

CHAPITRE IX.

PLAQUETTES MALANDRIN.

37. Les plaquettes **Malandrin** interposées entre la fusée et le corps de l'obus ont pour effet de modifier la manière dont s'exerce la résistance de l'air sur le projectile en mouvement (n° 3); l'action retardatrice est plus considérable et il en résulte dans la forme de la trajectoire une modification qui a pour effet d'une part de diminuer la portée qu'on obtiendrait avec un projectile non muni de la plaquette, d'autre part de donner pour une même portée un angle de chute supérieur à celui que donnerait le projectile non muni de la plaquette.

On comprend dès lors comment l'emploi des plaquettes permet d'atteindre des objectifs qui, par leur défilement, échappent au tir des obus sans plaquette.

DEUXIÈME PARTIE

RENSEIGNEMENTS FONDAMENTAUX NÉCESSAIRES POUR L'EXÉCUTION D'UN TIR

DEUXIÈME PARTIE.

RENSEIGNEMENTS FONDAMENTAUX NÉCESSAIRES POUR L'EXÉCUTION D'UN TIR.

CHAPITRE I

NATURE DES RENSEIGNEMENTS FONDAMENTAUX.

1. La connaissance de la distance de la bouche à feu au but et de leur différence d'altitude permet de déterminer les éléments initiaux du tir en portée (charge et angle de tir).

D'autre part, dans la guerre de siège, le but n'est généralement pas visible de la bouche à feu, et, par suite, on ne peut la diriger immédiatement sur ce but.

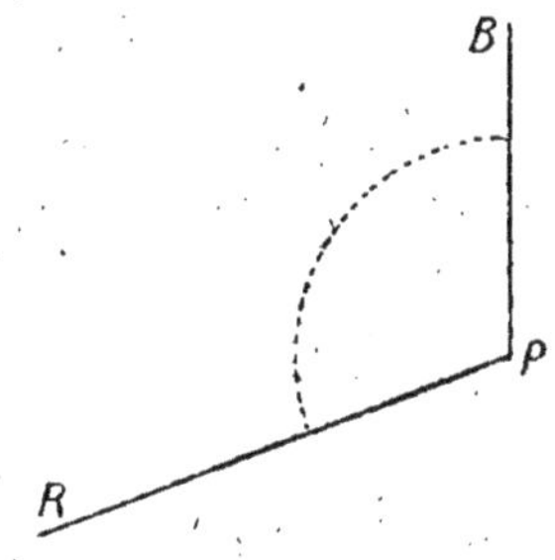

Fig. 1.

Pour pouvoir pointer en direction, on cherche alors à déterminer la valeur de l'angle, dit **angle de direction,** qui est formé par les deux alignements qui, de la pièce P, vont au but et à un repère de position connue (fig. 1).

2. Les deux renseignements **distance** et **angle de direction** peuvent s'obtenir d'une manière précise au moyen d'opérations qui ressortissent à l'organisation du tir (1). Il est également possible de les avoir, mais avec une exactitude moindre, par des moyens de circonstance.

---

(1) L'organisation du tir de siège et place fait l'objet d'une instruction spéciale.

CHAPITRE II.

EMPLOI D'OPÉRATIONS RESSORTISSANT
A L'ORGANISATION DU TIR.

3. Canevas d'ensemble et canevas directeur du tir. — Des travaux topographiques dénommés **canevas d'ensemble** et **canevas directeur du tir**, qui sont décrits en tous détails dans l'Instruction sur l'organisation du tir, fournissent pour une opération déterminée (siège ou défense d'une place) l'emplacement des batteries, de leurs objectifs et des repères nécessaires à l'exécution et à l'observation du tir.

Ces emplacements peuvent être reportés sur un plan à l'échelle de 1/20.000 qui reçoit un quadrillage kilométrique dont les côtés, numérotés à partir d'une origine commune O, représentent les longitudes et les latitudes.

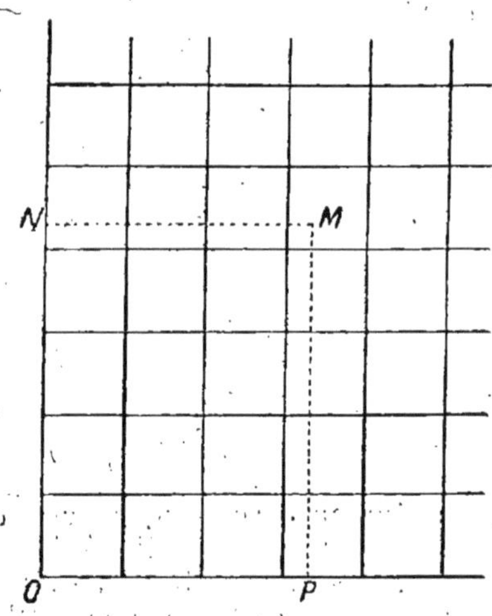

Fig. 2.

Sur ce plan, un point quelconque M est déterminé par sa longitude MN et par sa latitude MP.

MN et MP sont dites les **coordonnées** du point M.

Les coordonnées sont exprimées en mètres.

4. Planchette. — Pour chaque batterie, on découpe dans le plan général une portion qui comprend tout le champ de tir de la batterie jusqu'à l'extrême portée des pièces ainsi que la zone dans laquelle se trouvent les observatoires et les repères nécessaires pour l'observation et l'exécution du tir. La portion ainsi découpée prend le nom de planchette de batterie.

Pratiquement, la planchette est constituée par un zinc de 0^m,70 sur 0^m,70 recouvert d'un papier sur lequel a été tracé, parallèlement aux bords, le quadrillage dont il a été question plus haut.

Le zinc est fixé au moyen de vis sur une planchette en bois.

Dans les places, la carte collée sur planchette n'est utilisée qu'à titre de renseignement. Tous les points importants du terrain qui peuvent être utilisés comme repères, buts auxiliaires, observatoires, etc., sont relevés sur le terrain par des opérations topographiques. Ils sont reportés sur les planchettes non d'après le figuré de terrain de la carte, mais d'après leurs coordonnées en employant le procédé décrit au n° 6.

5. Rapporteur. — Le rapporteur (fig. 3) est un instrument qui sert à faire sur la planchette les tracés et les

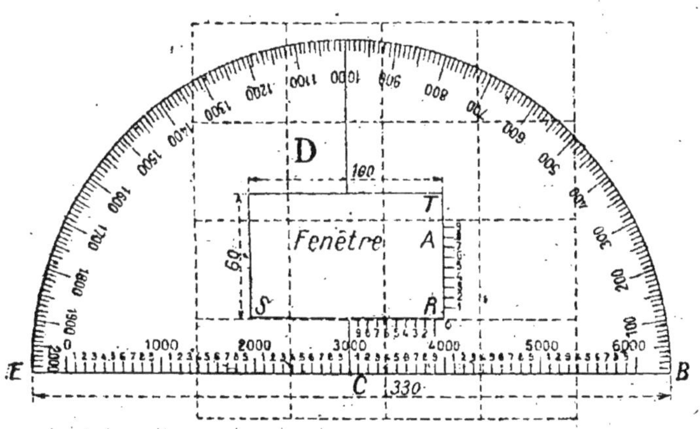

Fig. 3.

mesures que comporte la détermination de la **distance** et de l'**angle de direction**.

Le rapporteur est constitué par un demi-cercle en zinc.

La base rectiligne du rapporteur porte une graduation des portées s'étendant de 0 à 6.000 mètres, à l'échelle de 1/20.000^e.

Une fenêtre rectangulaire de 100 millimètres sur 60 millimètres porte sur deux côtés perpendiculaires des divisions en mètres (de 0 à 1.000 mètres) dont les zéros coïncident.

Il existe deux modèles de rapporteur.

Le premier porte au-dessus de la fenêtre la lettre M. Il est divisé en 3.200 millièmes comptés dans le sens de la marche des aiguilles d'une montre. On l'utilise dans les batteries dont les appareils de pointage sont gradués en millièmes.

Le deuxième porte au-dessus de la fenêtre la lettre D. Il est divisé en 2.000 décigrades, comptés dans le sens inverse de la marche des aiguilles d'une montre. On l'utilise dans les batteries qui se servent, pour le pointage, du goniomètre de siège.

Chaque division du rapporteur vaut 10 unités; l'évaluation du chiffre des unités se fait à vue.

6. Mode d'emploi de la planchette et du rapporteur. — Le rapporteur permet d'exécuter sur la planchette les opérations suivantes :

a) *Le tracé d'une ligne droite et la mesure d'une distance :*

Pour le tracé d'une ligne droite, on se sert de la base du rapporteur comme d'une règle;

Pour mesurer la distance de deux points, on se sert de la graduation de cette base comme on le ferait d'un décimètre.

b) *Le report d'un point de coordonnées connues* (fig. 3) :

Pour reporter le point défini par les coordonnées :

Longitude : 2.630 mètres;
Latitude : 1.740 mètres,

on applique le côté inférieur de la fenêtre le long de la ligne du quadrillage ayant pour latitude 1.000, puis on fait glisser ce côté jusqu'à ce que sa division 630 coïncide avec le point du quadrillage correspondant à la longitude 2.000 mètres et à la latitude 1.000 mètres. Dans cette position, la division 740 de la graduation placée à droite de la fenêtre donne le point A cherché; ce point est marqué sur la planchette avec la pointe d'un stylet ou d'un crayon très fin.

c) *La détermination des coordonnées d'un point* qui a été obtenu sur la planchette par des tracés graphiques (fig. 3).

Pour obtenir les coordonnées d'un point A, appliquer le côté inférieur à la fenêtre le long du parallèle situé immédiatement au-dessous de A, puis déplacer la fenêtre jusqu'à ce que le côté gradué perpendiculaire passe par le point A. Lire sur les deux côtés de la fenêtre les nombres de mètres qui doivent être ajoutés respectivement aux nombres de kilomètres de la longitude et de la latitude lus sur les côtés du quadrillage.

d) *La mesure d'un angle* utilisé pour le pointage d'une pièce au goniomètre (fig. 4 et 5).

PLANCHETTES DE BATTERIES.

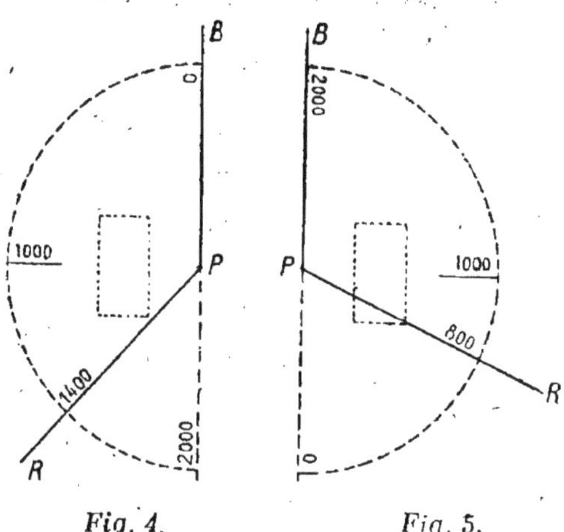

Fig. 4.   Fig. 5.

Soit P l'emplacement de la pièce; placer le rapporteur de manière que son centre soit en coïncidence avec l'emplacement de la pièce, sa base dans la direction du but, le rapporteur lui-même couvrant la direction du repère.

Lire la division qui se trouve sur la droite PR qui correspond à la direction du repère et y ajouter le nombre extrême (0 ou division diamétralement opposée) qui se trouve dans la direction B du but.

Exemples :

Dans le cas de là figure 4, on lira :
$$1.400 + 0 = 1.400.$$

Dans le cas de la figure 5, on lira :
$$800 + 2.000 = 2.800 \ (1).$$

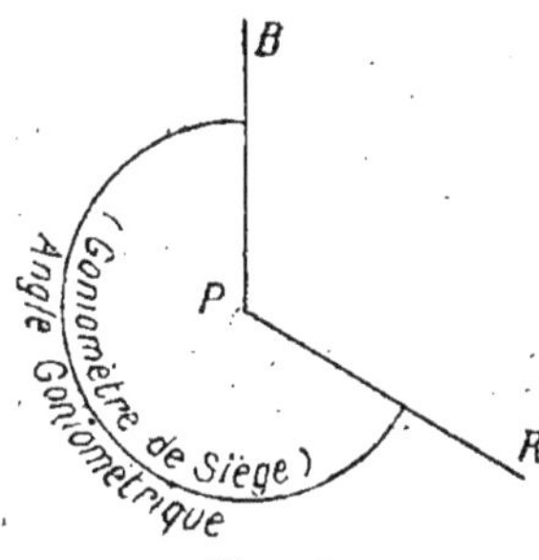

Fig. 6.

(1) Cette règle est la conséquence de la définition suivante de l'angle goniométrique (soit P la pièce, PB la direction du but, PR la direction du repère). L'angle goniométrique est l'angle que fait la direction PB avec la direction PR, mesuré à partir de PB dans le sens de la graduation du goniomètre.

PLANCHETTES DE TOURELLE ET DE CASEMATE.

Soient T l'emplacement de la tourelle (ou de la casemate), STN la parallèle menée par le point T aux méridiens du quadrillage, N le Nord, et B le but.

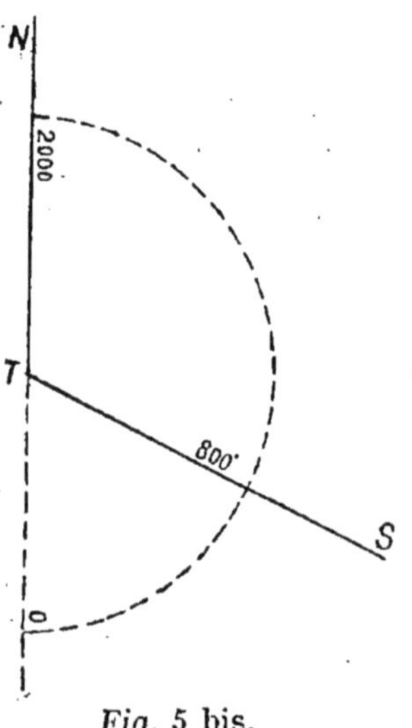

Fig. 4 bis.

Placer le rapporteur de manière que son centre soit en coïncidence avec le point T, sa base dans la direction STN, le rapporteur lui-même couvrant la direction du but.

Lire la division qui se trouve sur la droite TB, qui correspond à la direction du but, et y ajouter le nombre extrême (0 ou 2.000) qui se trouve dans la direction N du Nord.

Exemples :

Dans le cas de la figure 4 *bis*, on lira :
600+0=600.

Dans le cas de la figure 5 *bis*, on lira :
800+2.000=2.800.

Fig. 5 bis.

e) *Le report sur la planchette d'un angle mesuré sur le terrain;* ce report se fera d'après les mêmes principes et par les moyens inverses.

7. Le sens de la graduation des divers appareils de pointage (y compris les circulaires des tourelles, casemates et affûts-trucs) est tel qu'une augmentation porte le plan de tir à gauche, une diminution porte le plan de tir à droite.

Il n'y a d'exception que pour le goniomètre de siège employé « au tonnerre ».

En vue d'assurer l'application d'une règle uniforme pour tous les matériels, il y a lieu, dès que les pièces ont été repérées au miroir, d'effectuer les modifications à la direction par des commandements s'adressant au « goniomètre-miroir ».

8. Parallaxes. — La parallaxe d'un point par rapport à une ligne est l'angle sous lequel est vue la ligne par un observateur placé en ce point.

Soient MN deux des pièces d'une batterie, B le but, R un repère, l'angle MBN est dit parallaxe du but, l'angle MRN, parallaxe du repère, par rapport à l'intervalle des deux pièces.

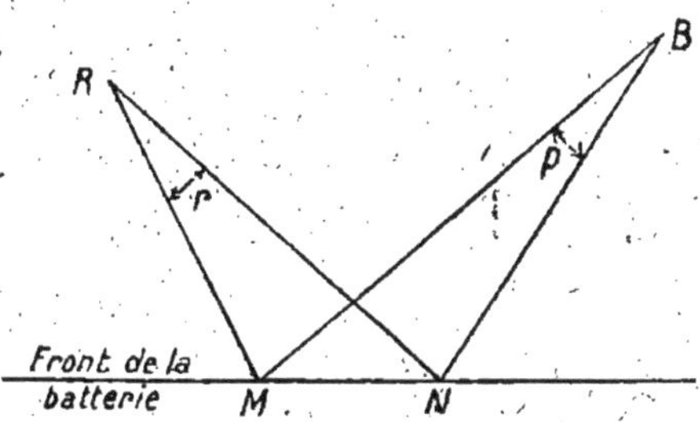

Fig. 7.

La parallaxe du but en décigrades est donnée par la formule $p = \dfrac{d}{1,5 \times D}$ où p est la parallaxe, d l'intervalle en mètres entre les deux pièces considérées, D la distance du but en kilomètres (1). Elle est donnée en millièmes par la formule $p = \dfrac{D}{d}$.

La *parallaxe du repère* se calcule de la même manière.

On évite l'emploi de la formule $p = \dfrac{d}{1,5\ D}$ en utilisant le tableau II des tables pratiques de tir. La parallaxe en décigrades s'obtient en multipliant le nombre de mètres qui mesure le front de la batterie par le chiffre lu dans la 2ᵉ colonne du tableau II en regard de la distance du point considéré, but ou repère.

---

(1) L'intervalle d des pièces M, N peut être confondu avec un arc de cercle décrit de B comme centre avec D pour rayon.

L'angle au centre p, évalué en décigrades, est donné par l'égalité $\dfrac{dm}{2\,\pi\,Dm} = \dfrac{pdg}{4,000dg}$ ou, si D est exprimé en kilomètres, $\dfrac{dm}{2\,\pi\,Dkm} = \dfrac{p}{4}$, d'où $p = \dfrac{4}{2\,\pi}\,\dfrac{d}{D} = \dfrac{dm}{1,57 \times Dkm}$.

Pour plus de simplicité, on remplace, dans la pratique, le coefficient 1,57 par 1,5, approximation généralement suffisante.

La même formule peut s'inscrire $p = \dfrac{4,000 \times d}{2\,\pi\,D} = \dfrac{640\,d}{D}$, où d et D sont exprimés en mètres. Cette dernière formule est plus exacte que la première, et on l'emploiera avec avantage dans la détermination de la distance d'un ballon dont on connaît le diamètre.

On démontre de même la formule $p = \dfrac{P}{p}$.

Lorsque la direction du but (ou du repère) s'écarte sensiblement de la perpendiculaire au front **MN**, l'intervalle entre les deux pièces doit être mesuré perpendiculairement à la direction du but (ou du repère).

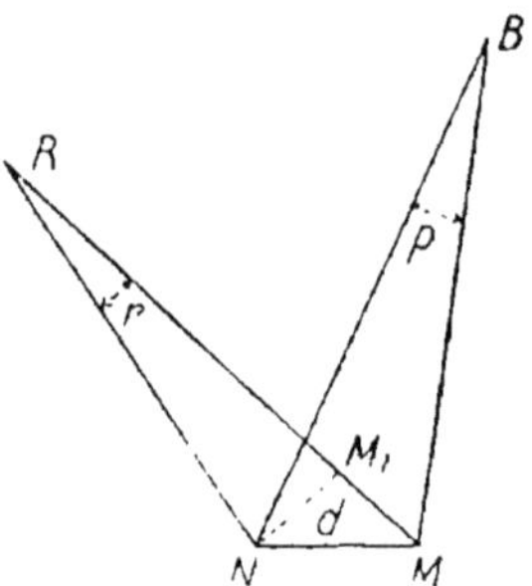

Fig. 7 bis.

Ainsi, dans la figure 7 *bis*, on prendra comme intervalle des pièces M et N : pour calculer la parallaxe du but : MN, pour calculer la parallaxe du repère : M_1N perpendiculaire à MR (1).

9. Parallélisme des pièces d'une batterie.

A. P_1 et P_2 étant deux pièces d'une batterie dont les plans de tir $P_1 B_1$ et $P_2 B_2$ sont parallèles.

1° L'écartement des plans de tir à hauteur d'un

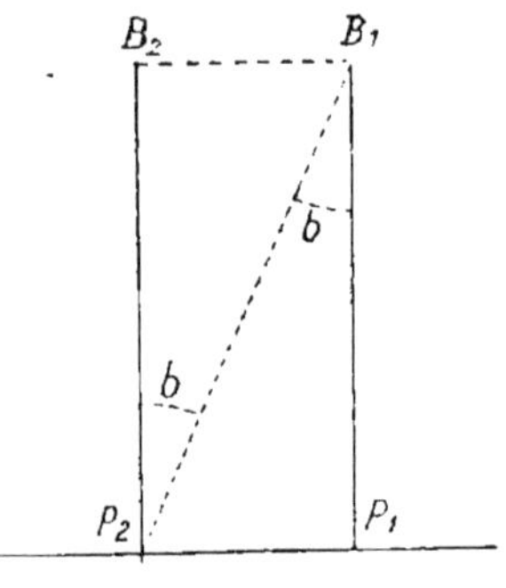

Fig. 8.

---

(1) La mesure de MN ou de M₁N peut se faire au double pas. Si l'on remarque que le double pas a une longueur moyenne de 1ᵐ,50, on voit qu'en appelant l et l' les nombres de doubles pas donnés par la mesure du front perpendiculairement à MB ou MR, et D et R les distances de la batterie au but et au repère, les parallaxes du but et du repère sont respectivement $\dfrac{l}{D}$ et $\dfrac{l'}{R}$.

point B a pour mesure la parallaxe b de ce point par rapport à l'intervalle P_1P_2.

On trouve un tableau de la parallaxe b dans le carnet de tir (tableau II).

2° Les angles de direction sur un repère R diffèrent entre eux de la parallaxe r du repère par rapport à l'intervalle P_1P_2.

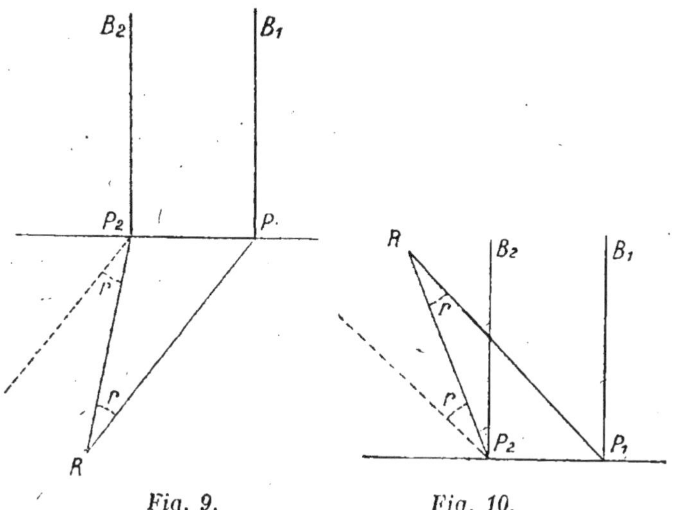

Fig. 9.   Fig. 10.

B. Il résulte du 2° que si on pointe la pièce P_2 sur le repère R avec le même angle de direction que la

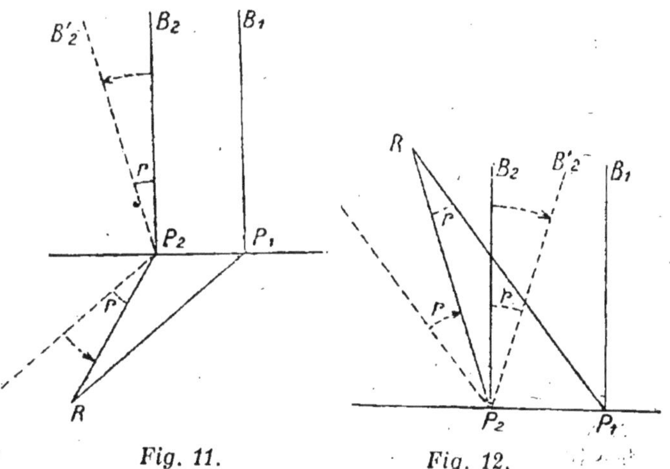

Fig. 11.   Fig. 12.

pièce P_1, on ouvre ou on ferme le faisceau de la quantité r suivant que le repère R est en arrière ou en avant.

C. Donc, quand on veut rendre deux pièces parallèles à l'aide d'un repère, il faut :

a) Donner à la deuxième pièce l'angle de direction de la première;

b) Fermer ou ouvrir le faiseau de la quantité *r*, parallaxe du repère, suivant que ce repère est en arrière ou en avant.

D. Pour éviter d'avoir à ouvrir ou fermer le faisceau (opération *b*), il est avantageux de prendre, quand on en a le choix, un repère de parallaxe nulle, c'est-à-dire placé très loin ou sur le flanc.

E. Deux pièces P_1 et P_2 ayant été rendues parallèles par pointage avec même angle de direction sur un repère de flanc R, on remarque que si on repère P_2 sur le goniomètre de P_1, le goniomètre de P_2 marque la division diamétralement opposée à celle de l'angle de direction commun primitif.

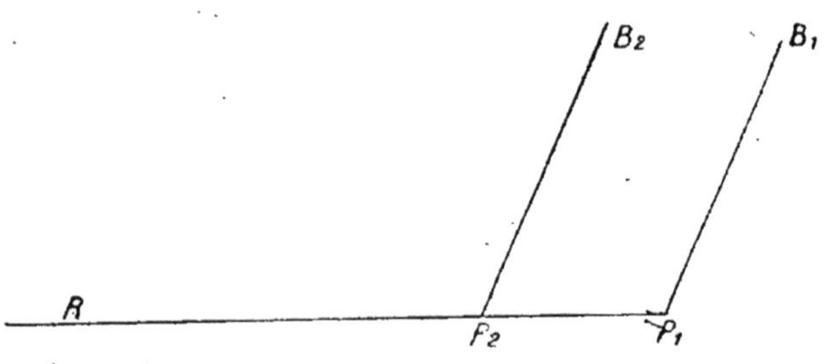

Fig. 13.

On en conclut qu'inversement on aurait pu rendre P_2 parallèle à P_1 en repérant P_1 sur P_2, puis en pointant P_2 sur P_1 avec la division diamétralement opposée à celle trouvée par P_1 (pointage réciproque).

F. La lunette de batterie étant graduée comme un goniomètre, la pièce P_1 peut être remplacée par la lunette de batterie.

10. Echelonnement. — Au commandement : Echelonnez de + 10 :

La deuxième pièce augmente de 10;
La troisième pièce augmente de 20;
La sixième pièce augmente de 50.

11. Mise en surveillance. — Une batterie est dite en surveillance, quand les pièces sont parallèles, la pièce-guide étant dirigée sur le point de surveillance.

La pièce-guide est dirigée sur le point de surveillance par les procédés habituels.

Le faisceau parallèle est formé à l'aide d'un des procédés indiqués au n° 9.

12. Répartition. — Répartir sur un but le feu d'une batterie de n pièces consiste à partager ce but en n tranches égales et à diriger le plan de tir de chaque pièce sur le même point (centre ou droite en général) de la tranche qui lui correspond.

A ce moment si F représente l'écart angulaire entre la droite et la gauche du but, l'écartement des plans de tir à hauteur du but correspond à $\dfrac{F}{n}$.

13. Pointage initial des pièces d'une batterie. — La batterie étant en surveillance, pour la faire tirer sur un but donné il faut :

1° Déplacer l'ensemble du faisceau pour l'amener sur le but.

2° Eventuellement l'ouvrir ou le fermer.

1° Déplacer le faisceau. — Il suffit de mesurer l'écart angulaire entre le point de surveillance et le but, et de corriger cet écart en tenant compte de la dérivation, du vent et, s'il y a lieu, des tirs antérieurs.

L'écart corrigé prend le nom d'angle de transport.

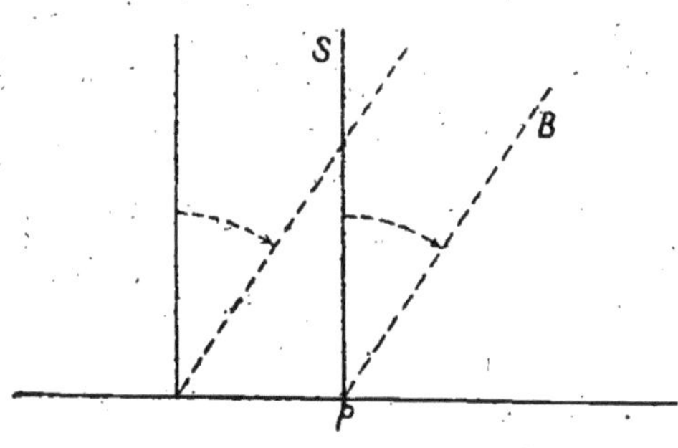

Fig. 14.

On commande alors : Pour toute la batterie, augmentez ou diminuez de tant (angle de transport), en se conformant à la règle du n° 7.

En faisant la même correction à la direction de toutes les pièces, les plans de tir restent parallèles.

2° Fermer et ouvrir le faisceau. — La pièce-guide étant dirigée sur un point du but, on peut être amené : soit à fermer le faisceau (par exemple : pour faire converger les plans de tir sur un point particulièrement visible), soit à l'ouvrir (par exemple : pour répartir le feu dès le début sur un objectif large).

Le tableau II du Carnet de tir donne, comme on l'a vu au n° 9 (1°), le nombre de décigrades auquel correspond à chaque distance l'écartement des plans de tir du faisceau de surveillance. Il suffit de comparer cet écartement à celui qu'on veut obtenir et de commander en conséquence :

ECHELONNEZ DE $\pm$ TANT.

Exemples :

I. On veut répartir sur un but de 60 décigrades le feu d'une batterie de quatre pièces.

Après répartition, l'écartement des plans de tir à hauteur du but correspondra à 15 décigrades $\left(\dfrac{60}{4}\right)$.

Dans le faisceau de surveillance l'écartement des plans de tir correspond par exemple à 5 décigrades.

On commande :

ECHELONNEZ DE $+10$ $(15 - 5)$.

l'intervalle :
$$1 - 1' = 0.$$
$$2 - 2' = 15 - 5 = 10.$$
$$3 - 3' = 2.15 - 2.5 = 2.10.$$
$$4 - 4' = 3.15 - 3.5 = 3.10.$$

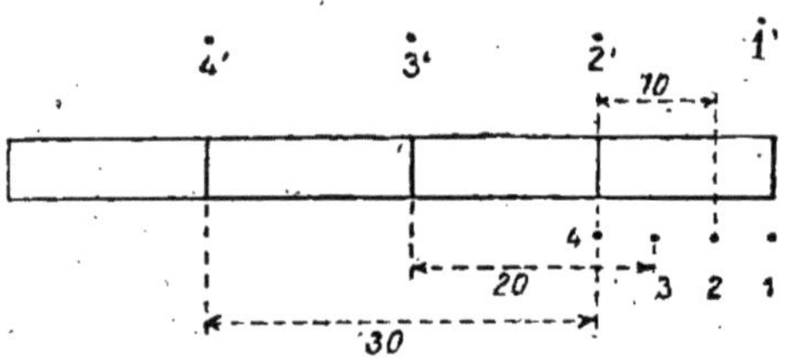

Fig. 15.

II. On veut à la même distance faire converger les plans de tir des trois dernières pièces sur celui de la première.

On commande :

ECHELONNEZ DE -5.

CHAPITRE III.

EMPLOI DE MOYENS DE CIRCONSTANCE.

14. La distance et l'angle de direction s'obtiennent par des procédés entièrement distincts.

Distance. — La distance se mesure au moyen d'un procédé télémétrique quelconque. Au besoin on appréciera simplement la distance à vue.

15. Pointage initial. — On se sert de la lunette de batterie et l'opération comporte deux phases :

1° Disposer toutes les pièces de la batterie parallèlement à la lunette préalablement pointée sur le but.

2° Modifier la direction de chaque pièce de la parallaxe du but par rapport à l'intervalle « lunette-pièce-guide ».

Les plans de tir sont alors parallèles, la pièce-guide étant *dirigée sur le but.*

I. La lunette est mise en station, son fût bien vertical à une cinquantaine de mètres au moins de la batterie, en un point où son fût soit visible de toutes les pièces. Elle est dirigée sur le but, soit directement avec précision si le but est visible de son emplacement, soit approximativement par un procédé quelconque (1).

Cela fait, on amène le trait de repère de l'index mobile **en regard de la division diamétralement opposée au zéro** du plateau gradué et on exécute successivement pour chaque pièce l'opération suivante :

Pointer la lunette sur l'axe vertical du goniomètre mis en place sur le tonnerre ou sur la traverse-support; lire sur le plateau de la lunette, le nombre obtenu, faire marquer ce nombre au goniomètre de la pièce; placer sur la pièce le goniomètre ainsi disposé, et le diriger sur le fût de la lunette; recommencer l'opération une seconde fois si, à la suite du pointage de la pièce, l'axe du goniomètre vu dans la lunette a été déplacé de plus d'une division du micromètre.

Le plan de tir de la pièce ayant été rendu ainsi parallèle à la direction de la lunette, repérer la pièce au goniomètre sur un repère particulier convenable.

---

(1) Si, par exemple, l'observation se fait du haut d'une échelle, l'observateur fait placer la lunette à l'œil dans le plan vertical du but par un procédé analogue au pointage au fil à plomb.

II. La détermination de la correction due à la parallaxe du but par rapport à la ligne lunette-pièce-guide se fait en tenant compte de la distance du but et de la distance latérale de la lunette à la pièce-guide.

16. Pointage des batteries sous bois. — On admet que les pièces n'aperçoivent aucun repère et ne se voient pas entre elles.

En arrière de la batterie, en général le long de la communication, est établi un caniveau en ligne droite dont la direction a été reportée sur la planchette au moment de l'organisation du tir. A défaut de caniveau on a matérialisé cette ligne droite par des bornes ou tout autre moyen.

On détermine alors sur la planchette l'angle au tonnerre de surveillance de la pièce-guide par rapport à un repère supposé R qui serait situé à l'infini dans la direction perpendiculaire à celle du caniveau.

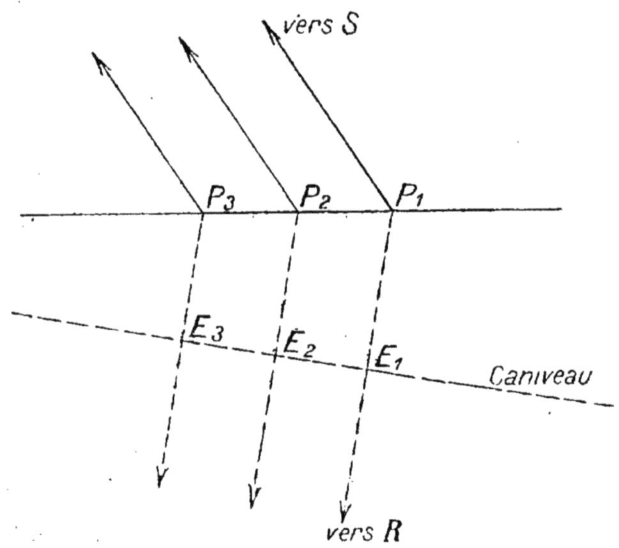

Fig. 16.

Le repère R étant à l'infini, sa parallaxe est nulle et on ferme le faisceau parallèle en donnant à toutes les pièces le même angle de direction (n° 9).

On matérialise pour chaque pièce la direction $P_1 R$, $P_2 R$... en plaçant une équerre d'arpenteur en E_1, E_2... de façon que, la visée faite par une des fenêtres passant par la direction du caniveau, la visée faite par la fenêtre perpendiculaire passe par le goniomètre.

En raison de la faible distance de l'équerre au goniomètre, il y a lieu de prendre les mêmes précautions que dans le pointage réciproque, c'est-à-dire :

1º De placer préalablement à vue mais aussi exactement que possible les pièces dans la direction de surveillance;

2º De vérifier que pendant l'opération de pointage le goniomètre n'a pas bougé. On recommence l'opération s'il y a lieu (1).

___

(1) Si on opère seul avec l'équerre montée sur trépied, les tâtonnements peuvent être assez longs. Il vaut mieux opérer à deux. L'équerre étant montée sur un simple jalon ou même tenue directement à la main, un premier opérateur la maintient devant lui à hauteur de l'œil et se déplace sur la direction du caniveau d'après les indications d'un deuxième opérateur qui vise le goniomètre par la fenêtre perpendiculaire. Avec un peu d'habitude, on suit facilement les déplacements du goniomètre pendant l'opération même du pointage.

Il y a naturellement avantage à ce que la même équipe pointe successivement toutes les pièces de la batterie.

TROISIÈME PARTIE

RÈGLES DE TIR

AVANT-PROPOS

L'Instruction sur le tir donne les règles qui permettent en général d'arriver le plus rapidement et le
plus sûrement au résultat cherché.

*Le choix et l'application de ces règles dépendent
essentiellement de la situation tactique, et avant tout
des conditions de l'observation et du temps dont on
dispose.*

Il importe de développer dans l'instruction des
cadres, non seulement la connaissance des règles de
tir, mais encore et surtout la *pratique de l'observation* et les qualités d'*initiative*, de *décision* et de *ju-
gement.*

L'instruction proprement dite ne donne que les
règles de tir les plus usuelles; elle doit être connue
de tous les officiers et sous-officiers.

En appendice figurent les règles de tir d'un usage
moins fréquent, dont la connaissance ne sera exigée
que des officiers de l'armée active. Exceptionnellement, certains tirs spéciaux (tir par observation latérale, tirs contre aéronefs, etc...) pourront être con-
fiés à des sous-officiers rengagés ayant reçu, à cet
effet, une instruction spéciale.

TITRE I.

GÉNÉRALITÉS.

CHAPITRE I.

DES DIVERS GENRES DE TIR.

1. Les divers genres de tir se différencient entre eux d'une façon générale, soit par le *mode d'action du projectile*, soit par la *tension plus ou moins grande de la trajectoire*.

2. Au point de vue du mode d'action du projectile, le tir est *percutant* ou *fusant*, suivant que le projectile éclate au choc ou avant d'avoir rencontré un obstacle.

Dans le tir à *ricochet*, on cherche à faire éclater au-dessus du sol, après ricochet, les obus explosifs amorcés avec retard. Ce tir permet d'atteindre du personnel abrité derrière un parapet.

3. Considéré sous le rapport de la tension de la trajectoire, le tir prend, suivant les cas, les noms de *tir de plein fouet*, de *tir plongeant* ou de *tir vertical*.

Le tir est dit de plein fouet lorsqu'il est exécuté avec la charge la plus forte que permet la bouche à feu (1).

Lorsqu'on tire avec une charge inférieure à la charge de plein fouet, le tir est dit plongeant ou vertical suivant qu'il est exécuté sous un angle de tir inférieur ou supérieur à 45°.

Le tir des mortiers lisses est exécuté sous l'angle de tir de 45°.

Les règles spéciales au tir vertical figurent à l'appendice.

---

(1) Certains canons ont deux charges de plein fouet; on emploie généralement la plus faible. Elle donne des effets comparables à ceux qu'on obtient avec la plus forte, tout en fatiguant moins le matériel.

CHAPITRE II.

PRINCIPES.

4. Un tir d'artillerie comporte en général :

un *tir de réglage*

et un *tir d'efficacité*.

Le tir de réglage a pour but la détermination des éléments du tir d'efficacité; il est poussé plus ou moins loin suivant le temps dont on dispose, suivant le genre de tir d'efficacité que l'on veut faire et suivant la situation de l'objectif.

Le tir de réglage constituant un moment critique pour la batterie, il importe de le conduire avec la plus grande rapidité.

Dans certains cas, ou lorsque des tirs antérieurs ont fourni des renseignements suffisants, on peut être amené à procéder immédiatement au tir d'efficacité.

En principe, le tir d'efficacité doit être mené avec la plus grande vigueur, de manière à obtenir le résultat cherché dans le minimum de temps.

5. Tout tir comporte une préparation dont l'importance est capitale au point de vue de la durée du réglage.

L'organisation du tir, ou, à défaut, le repérage du terrain, fait, au moment du besoin, à l'aide des instruments dont on dispose, fournissent les principales données de cette préparation.

Les cartes et la connaissance qu'on peut avoir sur la zone des objectifs donneront toujours d'utiles indications pour cette préparation.

6. Le lotissement des projectiles par poids, ceux des fusées par années de fabrication et de la poudre par lots ont une influence considérable sur la précision du tir et ne doivent jamais être négligés.

7. Toutes les fois qu'un tir ne peut être observé d'une façon continue, l'ensemble de ce tir doit être *contrôlé* le plus souvent possible, de manière à maintenir le centre de la zone battue au milieu de l'objectif et, s'il y a lieu, à diminuer les dimensions de cette zone.

En général, le contrôle est assuré par des observateurs aériens, et quelquefois à l'aide d'observatoires terrestres occupés momentanément.

8. Rôle du commandant de batterie pendant le tir. —
Le commandant de batterie est chargé de la *conduite
du feu*, c'est-à-dire de la détermination des éléments
initiaux du tir, du choix du mécanisme du tir, de l'exécution du tir.

En principe, le commandant de batterie se tient en
un poste d'où il puisse à la fois commander la batterie
à la voix et observer les coups.

S'il n'existe pas de poste répondant à cette double
condition, le commandant de batterie se tient pendant
le réglage au poste d'observation ou à la batterie, suivant qu'en raison de l'état de son personnel et les difficultés du tir, il estime sa présence plus indispensable
à l'un ou l'autre poste.

Lorsqu'il juge nécessaire de se poster au poste d'observation, il confie le commandement de la batterie au
gradé le plus ancien (« chef des pièces »), auquel il
donne ses ordres au sujet de la conduite du tir et du
mode de liaison.

Lorsqu'il juge au contraire sa présence nécessaire à
la batterie, il se conforme aux prescriptions du n° 24.

TITRE II.
PRÉPARATION DU TIR.

CHAPITRE I.

RECONNAISSANCE DU CHAMP DE TIR.

9. Aussitôt après avoir pris possession de son poste et dans la limite du temps dont il dispose, le commandant de batterie doit procéder à l'étude du terrain (formes, couverts, nature du sol, etc.) dans la zone probable des objectifs, soit par une reconnaissance, soit sur la carte.

Il reconnaît en particulier les zones dans lesquelles les points de chute ne pourraient être observés.

Il se préoccupe toujours sans retard des emplacements les plus favorables pour observer telle ou telle partie du champ de tir; il organise ou éprouve les communications téléphoniques.

Si la batterie a déjà tiré, il consulte le carnet de tir.

CHAPITRE II.

CARNET DE TIR.

10. Chaque batterie tient un *carnet de tir* qui a pour objet de conserver trace des résultats obtenus.

Elle dispose de bulletins de tir qui permettent de conserver trace des commandements et des résultats de l'observation.

La contexture de ces documents est donnée en annexe (modèles).

CHAPITRE III

MISE EN SURVEILLANCE DES PIÈCES.

11. Pièce-guide. — La pièce-guide est la pièce dont les éléments initiaux servent à déterminer ceux des autres pièces. A moins d'indication contraire, c'est la pièce de droite qui est la pièce-guide (1).

---

(1) Il n'est pas tenu compte, bien entendu, de la dérive des tables.

Batterie en surveillance. — Une batterie est dite *en surveillance* lorsque les pièces sont parallèles, la pièce-guide dirigée sur un point visible ou non visible vers le milieu du champ de tir et dans la région des objectifs probables.

Ce point porte le nom de *point de surveillance*.

Angles de surveillance au tonnerre. — Dans les batteries munies d'une planchette, les coordonnées du point de surveillance sont inscrites au carnet de tir. *L'angle de surveillance au tonnerre de la pièce-guide*, par rapport au repère principal, est déterminé à l'aide de la planchette et du rapporteur, comme il est dit II⁰ partie.

Pour les pièces autres que la pièce-guide, adopter comme angle de surveillance au tonnerre celui de la pièce-guide corrigé pour tenir compte de la parallaxe de repère (deuxième partie).

Dans les batteries non munies d'une planchette, le parallélisme des pièces est obtenu par des procédés de circonstances : pointage réciproque, pointage sur la lunette, pointage sur un point très éloigné ou sur un point dans le prolongement du front de la batterie, etc...

12. Dès que la batterie a été mise en surveillance, les pièces sont repérées. La dérive de repérage obtenue prend le nom de dérive de surveillance.

Les angles au tonnerre de surveillance, les dérives de surveillance et, s'il y a lieu, les constantes de repère sont notées; dans ce dernier cas, la vérification de la position des règles est faite à chaque occupation de batterie et au moins une fois par jour.

En principe, dès la mise en surveillance de la batterie, les pièces de 75 sur affût de campagne ne sont pas abattues.

CHAPITRE IV.

DÉTERMINATION DES ÉLÉMENTS INITIAUX DU TIR.

13. Genre de tir et espèce de projectile à employer. — (Se reporter au tableau ci-après.)

14. Détermination de la charge. — Après avoir déterminé la distance du but et la différence d'altitude entre le but et la pièce-guide, le commandant de batterie détermine la charge à employer.

Lorsqu'aucune condition d'angle de chute n'est à rechercher, la charge à employer est la charge de plein fouet.

GENRE DE TIR ET ESPÈCE DE PROJECTILES A EMPLOYER.

INDICATION DES OBJECTIFS.		GENRE DE TIR à employer.	ESPÈCES DE PROJECTILES à employer.
But animé et à découvert.	Jusqu'à 600 mètres.............	Tir à mitraille.	
	De 600 à 2.000 m. (75, 80, 90. 95. 120 c)......................	de plein fouet	Obus à balles ou à mitraille, tirés percutants.
	De 600 à 1.500 m. (155 c)........		
	De 600 à 2.100 m. (120 L, 155 L).		
But animé défilé par un pli de terrain.	Au delà des limites ci-dessus....	Idem.	
	Canons longs....................	de plein fouet ou plongeant suivant le défilement.	Obus à balles ou à mitraille, tirés fusants.
	Canons courts.·.................		
But animé abrité.	Dans une batterie de siège à profil normal ou derrière un obstacle équivalent..............	plongeant avec un angle de chute supérieur à 25°.	Obus à balles ou à mitraille. tirés fusants ou obus explosifs sans retard (1).
	Derrière un obstacle résistant où il se trouve plus fortement défilé que dans le cas ci-dessus.......	vertical.	Obus explosifs sans retard ou exceptionnellement obus à balles ou à mitraille tirés fusants.
	Sur la lisière d'un bois.........	de plein fouet.	Obus à balles ou à mitraille tirés fusants, ou obus explosifs sans retard.
	A l'intérieur d'un bois, derrière un mur de clôture, dans une ferme ou dans un village.......	de plein fouet.	Obus explosifs ordinaires ou allongés sans retard.
Epaulements en terre à faible relief. (Epaulements de batteries de siège, tranchées, etc.). Magasins et abris des batteries..............		de plein fouet ou plongeant, angle de chute supér' à 20° (2).	Obus explosifs ordinaires ou allongés sans retard.
Epaulements en terre à fort relief offrant aux coups une surf. se rapprochant de la verticale.		de plein fouet.	
Obstacles légers et défenses accessoires.	Murs de clôture et d'habitation, grilles, palanques, abatis, réseaux de fils de fer..	de plein fouet ou plongeant, suivant que l'obstacle est défilé ou non	Obus explosifs ordinaires ou allongés sans retard.
Casemates cuirassées, abris blindés ou bétonnés recouverts de terre...................		vertical.	Obus explosifs ordinaires ou allongés avec retard (3).
Casemates cuirassées, abris blindés ou bétonnés non recouverts de terre. Tourelles.	Si le ciel peut être atteint..............	vertical.	Obus allongés sans retard.
	S'il est impossible d'atteindre les parois verticales.............	de plein fouet.	
Escarpes et contre-escarpes.	non attachées.................	de plein fouet.	Obus allongés sans retard.
	attachées (le tir devant être dirigé de manière à atteindre les terres supportées par le mur, dans le voisinage de ce dernier.)	plongeant, angle de chute supérieur à 20°. Tir d'enfilade si c'est possible.	Obus allongés avec retard.

(1) On emploiera toujours des obus explosifs si la batterie est munie d'abris contre le tir fusant ou si les pièces sont munies de boucliers.

(2) Toutefois on sera conduit à accepter des angles de chute inférieurs à 20° avec les canons longs aux moyennes et petites distances pour éviter de tirer à faible charge, ce qui diminue notablement la précision de la bouche à feu.

(3) Lorsqu'on emploie des obus ordinaires de 155 chargés en explosifs, ces obus sont toujours tirés avec le retard : zéro.

Lorsqu'il y a lieu d'obtenir un angle de chute déterminé (1), la charge à employer résulte des renseignements du tableau IV des tables pratiques.

Entre plusieurs charges paraissant convenir, choisir, de préférence, celle qui donne le plus de marge de réglage de part et d'autre de la distance présumée de l'objectif.

Détermination des éléments de pointage en hauteur.

15. Hausse. — Chercher dans les tables pratiques de tir, au tableau VI relatif à la charge et au projectile employés, la hausse qui correspond à la distance du but arrondie en multiple de 20 mètres.

16. Angle de tir. — Prendre l'angle de tir qui correspond à la distance du but (arrondie en multiple de 20 mètres), donné par le tableau VI relatif à la charge et au projectile employés; lui ajouter ou en retrancher, suivant que le but est plus élevé ou moins élevé que la batterie, la correction de site calculée conformément aux indications placées en tête des tables de tir (tableaux III et III *bis*).

Prendre l'angle de tir arrondi en multiples de 5 minutes (2).

17. Fourchette. — Chercher au tableau VI, relatif à la charge et au projectile employés, la fourchette qui correspond à la distance du but arrondie en multiples de 20 mètres.

Détermination des éléments de pointage en direction.

18. Le sens de la graduation des divers appareils de pointage (3) est tel qu'une augmentation porte le plan de tir à gauche, une diminution porte le plan de tir à droite.

Il n'y a d'exception que pour le goniomètre de siège employé au « tonnerre ».

---

(1) Cet angle est déterminé soit par la nécessité d'atteindre un objectif défilé, soit par la nécessité d'éviter les ricochets.

En général, l'angle de chute est donné soit par sa valeur minimum, soit comme devant rester compris dans certaines limites.

Retrancher de l'angle de chute donné par les tables la pente du terrain aux environs de l'objectif, si le terrain est incliné vers l'avant; ajouter cette pente dans le cas contraire (angle de chute net).

(2) Il est, en effet, avantageux de tirer le premier coup dans les conditions présumées les meilleures.

(3) Y compris les circulaires des tourelles, affûts-trucs, etc...

En vue d'assurer l'application d'une règle uniforme pour tous les matériels, il y a lieu, dès que les pièces ont été repérées au miroir, d'effectuer les modifications à la direction par des commandements s'adressant au « goniomètre-miroir ».

Dans le pointage à la hausse, il faut porter l'œilleton du côté, où on veut amener le plan de tir.

19. La batterie étant en surveillance, pour la faire tirer sur un but donné, il faut :

1° Déplacer l'ensemble du faisceau pour l'amener sur le but;

2° S'il y a lieu, le fermer ou l'ouvrir.

1° Déplacer le faisceau. — Les coordonnées de la pièce-guide, du point de surveillance et du but étant reportées sur la planchette, mesurer à l'aide du rapporteur l'écart angulaire entre les droites qui joignent la pièce-guide au point de surveillance et au but. Cet écart peut aussi être éventuellement mesuré à l'aide de la lunette ou par tout autre moyen.

Si le but est à droite du point de surveillance, cet écart prend le signe — ; s'il est à gauche, il prend le signe + (voir n° 18).

Faire la somme algébrique de l'écart angulaire, de la dérive des tables, de la correction du vent (1) et, s'il y a lieu, de la correction de direction résultant des tirs antérieurs. Cette somme prend le nom d'*angle de transport* et représente avec son signe la modification à faire subir aux dérives de surveillance pour amener sur le but le plan de tir de la pièce-guide et à sa suite le faisceau parallèle des plans de tir.

2° Ouvrir ou fermer le faisceau. — Le tableau II du carnet de tir donne le nombre n de décigrades auquel correspond à chaque distance l'écartement des plans de tir du faisceau de surveillance. Il suffit de comparer cet écartement à celui qu'on veut obtenir et de commander en conséquence :

Echelonnez de ± tant.

Exemple I. — On veut répartir sur un but de 60 décigrades le feu d'une batterie de quatre pièces.

Après répartition, l'écartement des plans de tir correspondra à 15 décigrades.

---

(1) Dans les éditions des tables pratiques publiées avant 1914, le signe de la dérive des tables et de la correction du vent se rapporte au pointage fait avec le *goniomètre de siège* placé sur le tonnerre.

Dans le faisceau de surveillance, il correspond par exemple à 5 décigrades.

On commande : « Echelonnez de +10. »

Exemple II. — On veut à la même distance faire converger les plans de tir des trois dernières pièces sur celui de la première.

On commande : « Echelonnez de — 5. »

20. Détermination de l'évent. — Prendre le tableau VI relatif à la charge et au projectile employés, l'évent correspondant à l'angle de tir adopté comme convenant au but modifié de l'angle de site (1) changé de signe.
Si l'altitude de la batterie dépasse 500 mètres, modifier l'évent initial d'après les indications du tableau VII des tables pratiques.

21. Modifications aux éléments initiaux. — Les corrections résultant des réglages antérieurs doivent être utilisées pour tenir compte des erreurs constantes ou proportionnelles aux distances observées dans des circonstances identiques et provenant soit des munitions, soit d'une erreur dans les données de l'organisation du tir.
Elles peuvent même permettre d'ouvrir directement le feu sur but caché, sans procéder à un réglage sur but auxiliaire.
Les opérations à effectuer sont les mêmes que celles exposées ci-après (au titre IV) pour le transport du tir.

Préparation matérielle du tir.

22. Munitions. — L'indication du genre de projectile et de la charge est envoyée par écrit au gradé des munitions.
Celui-ci vérifie et rectifie au besoin le lotissement des munitions et en rend compte.

23. Instruments de pointage. — Les niveaux et goniomètres sont rendus comparables par le procédé suivant : pointer la pièce-guide avec les éléments initiaux du tir (ou à défaut, avec des éléments approchés), et la faire repérer successivement par chaque pointeur avec le goniomètre de sa pièce et par chaque tireur avec le niveau de sa pièce. Les différences de lecture donnent

---

(1) De l'angle de site seulement et non de la correction totale de site.

les corrections permanentes à faire subir aux angles tonnerre et aux angles de tir; il est pris note de ces corrections sur le carnet de pièce,

Cette opération est exécutée toutes les fois qu'elle est jugée utile, mais elle ne doit pas retarder l'ouverture du feu.

24. Observation. — Le poste d'observation devra, lorsque ce sera possible, être choisi sur la ligne de tir ou peu en dehors. Dès que l'inclinaison de la ligne d'observation sur la ligne de tir dépasse 1/10, l'observation est dite latérale et comporte une méthode spéciale de réglage (voir appendice n° 102). Il y a avantage à employer cette méthode chaque fois que le but sera très étroit ou que les éléments initiaux du tir n'amèneront pas les points de chute assez près du but pour que le sens des coups soit observable.

En principe, l'objectif est indiqué à l'observateur, de l'observatoire même, par le commandant de batterie, s'il n'observe pas lui-même.

Dans tous les cas, il lui précise les conditions spéciales de l'observation et lui donne ses ordres pour la transmission des résultats.

Les résultats de l'observation sont toujours transmis dans l'ordre suivant : portée, hauteur d'éclatement, direction.

TITRE III.

TIR PERCUTANT [1].

CHAPITRE I.

RÉGLAGE DU TIR.

ARTICLE I.

RÉGLAGE EN DIRECTION.

25. Le réglage en direction se fait par pièce.

Il est assuré par le chef de pièce.

Le commandant de batterie s'efforce, au début du tir, d'amener le plus tôt possible les éclatements à se produire dans la direction de l'objectif ou de la partie de l'objectif choisie pour le réglage en portée de manière à rendre les coups observables en portée.

Dans la suite du tir, le commandant de batterie achève de régler la direction de chaque pièce.

Contre des buts larges et animés, le tir est immédiatement réglé en direction, de façon à couvrir l'ensemble de l'objectif.

Contre des buts étroits, ou des buts larges mais ne présentant qu'une partie étroite bien nette, toutes les pièces sont réglées par rapport au même point (point de réglage).

En passant au tir d'efficacité le tir est réparti, s'il y a lieu, comme il est dit au n° 41.

26. L'observateur annonce le sens et la grandeur des écarts.

Les écarts sont corrigés intégralement [2].

Lorsque l'écart ne dépasse pas 2 décigrades, la direction n'est modifiée que si plusieurs écarts successifs

---

[1] Dans le cas où le but ne se prête pas à l'observation continue, voir titre IV.

[2] Lorsque l'observateur placé sur la ligne de tir ou peu en dehors est à une distance du but différente de celle de la batterie, la grandeur des écarts annoncés doit être multipliée par le rapport des distances au but de l'observateur et de la batterie.

Cette prescription s'applique dès que le rapport est inférieur à 2/3.

de même sens en démontrent l'utilité. Cependant dans les tirs exigeant une très grande précision, elle pourra l'être si l'écart dépasse 1 décigrade.

Dans le cas où les éléments initiaux de direction ont été déterminés pour la convergence, lorsque les écarts en direction des deux premiers coups de la batterie sont supérieurs à 4 décigrades et de même sens, le chef des pièces prescrit une correction d'ensemble égale à la moyenne des corrections résultant de ces deux coups.

27. Les écarts en direction sont corrigés conformément à la règle du n° 18.

ARTICLE II.

RÉGLAGE EN PORTÉE.

———

GÉNÉRALITÉS.

28. Le réglage en portée est fait par batterie. Il s'exécute en principe à l'aide de coups percutants (1).

Il est assuré par le commandant de batterie, ou par le chef des pièces.

Il a pour objet la détermination de l'angle qui convient à la distance du but (2).

On obtient cet angle en tirant un certain nombre de coups avec un angle choisi de manière qu'il donne sûrement des coups courts et des coups longs. L'angle choisi est modifié d'après la proportion du nombre des coups courts au nombre de coups longs. *Ce tir est le tir d'amélioration.*

La recherche de l'angle qui convient pour l'exécution du tir d'amélioration constitue le *tir d'essai.*

---

(1) Lorsque le réglage percutant est impossible (soit que les coups percutants n'éclatent pas par suite de la nature du sol, soit que le nuage de fumée produit par l'éclatement percutant soit insuffisant), on a recours au réglage par les coups fusants bas.

Chercher à faire éclater les coups au ras du sol (au plus 1/1.000° en appliquant les règles indiquées ci-après n° 50. L'évent étant bien réglé pour la hauteur de 1/1.000°, chaque série de quatre coups doit normalement comprendre au moins un coup percutant. L'absence de coups percutants doit faire craindre une erreur d'appréciation de 1/1.000°. Il est absolument interdit d'annoncer « court » un coup fusant qui a éclaté à plus de 1 millième 1/2 de hauteur, même si le nuage produit par l'éclatement voile tout ou partie de l'objectif.

Le réglage par coups fusants bas n'est jamais employé avec les pièces de petit calibre, lorsque la distance de tir est inférieure à 2.000 mètres.

(2) C'est-à-dire l'angle qui, dans un tir prolongé, donnerait sensiblement égalité de coups courts et de coups longs.

Le tir d'essai doit être interrompu toutes les fois qu'au cours du tir on obtient un angle qui donne avec certitude des coups courts et des coups longs sur l'objectif.

On commence de suite avec cet angle le tir d'amélioration.

29. Pour tirer plus loin, on augmente l'angle de tir ou la hausse; pour tirer moins loin, on les diminue.

30. En général, les coups « en direction » sont les seuls qui puissent être observés en portée.

Toutefois le sens en portée de certains coups non en direction pourra dans certains cas être estimé lorsqu'on connaîtra sûrement la région dans laquelle ils sont tombés et les particularités du terrain aux environs de l'objectif.

31. Vérification du sens d'un angle (ou d'une hausse). — Le sens à attribuer à un angle (ou à une hausse) résulte de l'observation de deux coups tirés avec cet angle (ou cette hausse).

Si les deux coups sont de même sens, ce sens est attribué à l'angle (ou à la hausse).

S'il y a contradiction, on tire deux autres coups avec l'angle ou la hausse à vérifier.

Si les coups ainsi tirés sont encore de sens contraire, l'angle (ou la hausse) est provisoirement adopté comme convenant à la distance du but (angle de tir [ou hausse] provisoire).

Si les deux coups tirés à nouveau sont de même sens, ce sens est attribué à l'angle (ou à la hausse).

Si dans une des salves on a un coup au but, on considère ce coup comme de sens contraire au sens de l'autre coup de la salve et on applique les règles ci-dessus (1).

32. Vérification d'un angle de tir. — Pour vérifier un angle de tir, on opère de la façon suivante :

On tire deux coups de canon avec l'angle à vérifier. Si les deux coups sont de sens contraire, on adopte l'angle comme angle de tir provisoire.

Si les deux coups sont de même sens, on continue le tir d'essai en opérant par bonds de une demi-fourchette.

---

(1) C'est ainsi qu'il y a contradiction si on a eu un coup court (ou long) et un coup au but. Si, après une contradiction, la seconde salve donne un coup au but, l'angle convient comme angle de tir provisoire.

Conduite du tir.

33. Sommaire de la méthode. — TIR D'ESSAI. — Encadrer le but entre deux trajectoires dont les angles diffèrent d'une quantité variable suivant la précision de la mesure de la distance du but.

Réduire l'encadrement à une fourchette (à une demi-fourchette pour les distances supérieures à 4.000 mètres).

Au cours de ce tir régler la direction.

TIR D'AMÉLIORATION. — Améliorer le tir s'il y a lieu en portée et en direction.

34. Tir d'essai. — Le tir est exécuté en principe par salves de deux coups tirés à quelques secondes d'invalle (1).

Dans le cas exceptionnel de batterie de deux ou trois pièces, le tir est exécuté par pièce, à moins que le matériel ne soit à tir rapide.

Chercher d'abord en partant de l'angle initial à encadrer le but entre un angle qui donne des coups courts et un angle qui donne des coups longs.

A cet effet, procéder par bonds, en général égaux à partir du premier angle dont le sens a été observé, jusqu'à ce que l'on obtienne un angle donnant des coups de sens contraire (2).

Quand la distance résulte des données de la planchette, l'amplitude du bond est égale à la fourchette indiquée par la table pour les distances inférieures à 4.000 mètres, à la demi-fourchette pour les distances supérieures.

Si l'évaluation de la distance a été faite à vue, ou si les premiers coups sont *visiblement* très éloignés du but, l'amplitude du bond est doublée (3).

Si deux coups tirés avec le même angle n'ont pas été vus, il y a lieu de rechercher d'abord si ce fait peut être attribué à la nature ou aux formes du terrain. Dans ce cas, le commandant de batterie modifie l'amplitude du bond, de façon à obtenir des coups observables dans le plus bref délai possible.

Dès que le premier encadrement a été obtenu, en réduire, s'il y a lieu, les limites à une fourchette (à une demi-fourchette pour les distances supérieures à 4.000 mètres).

---

(1) Cette manière de faire a pour but de permettre l'observation successive des deux coups en portée et en direction; l'intervalle doit être suffisant pour que la fumée du premier coup ait le temps de se dissiper et ne masque pas l'éclatement du second coup.

(2) Le sens d'un angle est déterminé comme il est dit ci-dessus au n° 31.

(3) On opère ainsi de même lorsqu'un seul coup de la salve a été observé et qu'il est *visiblement* court ou long.

Angle de tir provisoire. — Prendre pour angle de tir provisoire, soit la moyenne des limites de l'encadrement, soit l'angle qui a donné égalité de coups courts et de coups longs, dans la vérification du sens de l'angle (n° 31).

35. Tir d'amélioration. — Le commandant de batterie tire avec l'angle de tir provisoire jusqu'à ce qu'il ait pu observer six coups. S'il n'y a pas égalité de coups courts et de coups longs, il modifie l'angle de tir d'autant de fois un sixième de fourchette qu'il y a de coups à faire passer d'un sens dans l'autre. L'angle ainsi obtenu est l'angle de réglage.

Il passe alors au tir d'efficacité.

Au cours du tir d'amélioration, il rectifie, s'il y a lieu, la direction du tir de chaque pièce, soit en vue de la convergence, soit en vue de la répartition du tir.

Remarque. — Quand les trois premiers coups observés sont de même sens, on tire les trois autres coups avec l'angle, modifié d'une demi-fourchette dans le sens convenable. La série de six coups ainsi observés est considérée comme ayant été obtenue avec la moyenne des angles employés pour les deux demi-séries, et la correction est faite sur cet angle moyen.

Si les trois derniers coups sont encore de même sens que les trois premiers, on recommence le réglage.

Cas particuliers.

36. Changement des conditions du tir. — Lorsqu'on reprend un tir réglé antérieurement dans des conditions atmosphériques différentes, et toutes les fois qu'au cours d'un tir on change le lot de poudre, on vérifie l'angle (n° 32).

Lorsqu'au cours d'un tir, on change d'espèce de projectile, on détermine, d'après les tables, la correction à faire subir à l'angle de tir et à la dérive, et on vérifie l'angle (n° 32).

37. Commandements en distance. — Pour certains matériels, les commandements se font en distance. La fourchette est donnée en mètres par les tables. La hausse fournie par le tir d'ensemble est arrondie en multiple de 25 mètres.

Sous ces seules réserves, les règles de tir ci-dessus exposées sont entièrement applicables à ces pièces.

38. Dans le *cas du tir plongeant*, lorsque les conditions de défilement de l'objectif imposent un angle de chute minimum, la conduite du tir d'essai est modifiée comme il suit :

La charge initiale ayant été déterminée comme il est dit au n° 14, les opérations du tir sont conduites avec cette charge jusqu'à la détermination de l'angle provisoire.

Le commandant de batterie s'assure alors que l'angle de chute correspondant à cet angle reste supérieur à l'angle minimum indiqué. A cet effet, il cherche dans le tableau VI des tables pratiques pour la charge initiale, la distance correspondante; il vérifie dans le tableau IV que pour cette charge et cette distance l'angle de chute est supérieur à l'angle minimum.

S'il n'en est pas ainsi, il adopte la charge inférieure et prend dans le tableau VI, relatif à cette charge, l'angle correspondant à la distance qu'il vient de trouver. Il adopte cet angle, comme angle de tir provisoire.

La dérive est modifiée pour tenir compte des changements de charge et d'angle.

CHAPITRE II.

TIR D'EFFICACITÉ.

39. Avant de commencer le tir d'efficacité, le commandant de batterie prévient l'observateur en lui indiquant, s'il y a lieu, la manière dont celui-ci devra rendre compte des résultats cherchés.

40. En principe, le tir d'efficacité est conduit aussi rapidement que le permettent les instructions reçues en ce qui concerne la consommation des munitions et jusqu'à ce que des indices certains aient fait connaître que le résultat cherché est obtenu.

Dans certains cas, le tir devra être exécuté par rafales courtes et violentes.

Dans d'autres cas, lorsqu'il n'aura pour objet que de maintenir les résultats acquis, il devra être conduit avec une certaine lenteur; on évitera, dans ce dernier cas, d'espacer régulièrement les coups, comme temps; le nombre des pièces servies devra être réduit au minimum. Les éléments de tir nécessaires pour exécuter le tir d'efficacité sans autres ordres (angle de tir, angles de direction, vitesse de tir) sont donnés par écrit aux chefs de pièce.

41. Direction. — Le tir est réparti en direction, à l'aide des commandements du n° 19, s'il ne l'a pas été déjà à l'ouverture du feu.

Si la largeur de chaque tranche ne dépasse pas le front d'action d'une bouche à feu, chaque pièce est pointée sur une extrémité de sa tranche (en principe à droite). On tire successivement avec cette première direction, puis avec cette direction modifiée de deux en deux décigrades, jusqu'à ce que la tranche entière ait été battue. On revient en sens inverse et ainsi de suite.

42. Angle de tir. — Tir de précision. — Le tir est exécuté avec l'angle de réglage et par série de 12 coups.

L'angle de tir est modifié lorsque, dans une série, il n'y a pas égalité de coups courts et de coups longs.

On modifie d'autant de douzièmes de fourchette qu'il y a de coups à faire passer d'un sens à l'autre.

Dans le tir sur un objectif de très petite dimension, on opérera pour chaque pièce individuellement, comme il est dit ci-dessus (1).

43. Tir contre le personnel découvert aux petites distances. — Le tir est réparti en direction dès l'ouverture du feu.

Si le matériel ne permet pas une grande rapidité de tir, le réglage en portée est limité à l'encadrement de deux fourchettes. Si un seul coup, tiré sur une des limites de l'encadrement a été observé, répéter la salve.

Le tir d'efficacité est échelonné de demi-fourchette en demi-fourchette entre les limites de l'encadrement.

Avec le matériel permettant une certaine rapidité de tir (canons de petit calibre), encadrer l'objectif dans un bond de 200 mètres puis, selon le cas, réduire l'encadrement de 100 ou 50 mètres.

Si le but est en mouvement ou susceptible de se déplacer, il n'est considéré comme encadré que si la dernière salve tirée correspond à la limite vers laquelle se dirige le but ou, à défaut d'indications précises sur le sens de la marche, à la limite courte.

Si, dans le cours du réglage, on observe une salve encadrante, répéter la salve.

Si cette deuxième salve est également encadrante, considérer le réglage comme terminé.

44. Tir contre des objectifs de profondeur notable. — Si l'objectif a une certaine profondeur, il est battu, par des modifications successives d'angles, égales à une demi-fourchette aux distances moyennes (inférieures à 4.000 mètres), à un quart de fourchette aux très grandes distances.

L'échelonnement est de 50 mètres pour les canons de petit calibre. Il peut être porté à 100 mètres lorsqu'il s'agit d'arrêter l'ennemi dans un mouvement rapide.

---

(1) On affecte autant que possible à chaque pièce des projectiles ayant sensiblement le même poids.

TITRE IV.

TIR FUSANT (1).

Observations importantes.

Tout tir fusant dont le réglage en portée est trop long d'une demi-fourchette, est très peu efficace et peut même ne l'être pas du tout.

Contre du personnel découvert, il donnera de bons résultats, s'il est trop court même d'une demi-fourchette.

Contre du personnel abrité, il est très important que le réglage en portée soit précis.

CHAPITRE I.

RÉGLAGE DU TIR.

45. Sommaire de la méthode. — Régler la direction et la portée;

Répartir le tir en direction, s'il y a lieu;

Régler l'évent.

ARTICLE I.

RÉGLAGE EN DIRECTION ET EN PORTÉE.

46. Le réglage en direction et en portée est exécuté comme dans le cas du tir percutant sur but fixe.

La répartition du tir en direction est faite au moment du passage au tir fusant (2).

Dans le cas du tir contre personnel découvert, le tir est réparti en direction, dès l'ouverture du feu, de manière à couvrir l'ensemble de l'objectif, et le réglage en portée est limité à la recherche de l'encadrement de deux fourchettes (une fourchette pour les distances supérieures à 4.000 mètres).

---

(1) Dans le cas où le but ne se prête pas à une observation continue, voir titre IV.

(2) Voir ci-après n° 52 la règle de la répartition.

ARTICLE II.

RÉGLAGE DE L'ÉVENT.

47. Le réglage est basé sur l'observation de la hauteur des éclatements au-dessus du pied du but (personnel découvert) ou au-dessus de la crête couvrante (personnel abrité).

48. Le réglage de l'évent a pour but d'amener la hauteur moyenne des éclatements à une hauteur-type variable avec le genre de tir exécuté et l'espèce de canon employé.

Les hauteurs-types (1) ont les valeurs ci-après :

Charges de plein fouet des canons longs...   4/1000
Charge de plein fouet des canons courts...
Charges 2 et 3 des canons longs. 8/1000
Charge 1 du canon de 95. . ...
Autres charges des canons longs et courts. 12/1000

49. Event initial. — Prendre dans le tableau VI relatif à la charge employée l'évent correspondant à l'angle adopté diminué de l'angle de site si le but est plus élevé que la batterie; augmenté de l'angle de site, dans le cas contraire.

Si l'altitude de la batterie dépasse 500 mètres l'évent initial est modifié d'après les indications du tableau VII des tables pratiques.

50. Réglage de l'évent. — Procéder par série de quatre coups observés. Toutefois, si les deux premiers coups observés sont très hauts et percutants, la série n'est pas continuée et il est fait immédiatement une correction de 4/10e de seconde dans le sens convenable.

L'évent est considéré comme réglé et prend le nom d'*évent de réglage*, quand, dans une série de quatre coups, le nombre des coups hauts est égal à celui des coups bas. Après toute une série qui n'a pas donné ce résultat, l'évent doit être modifié d'autant de 1/10e de seconde qu'il y a de coups à faire passer d'un sens à l'autre pour obtenir l'égalité désirée.

Les coups à hauteur sont considérés moitié comme hauts, moitié comme bas. Les coups percutants sont considérés comme bas, à moins que l'on ait des raisons

---

(1/ Si les distances du but à la batterie et à l'observatoire sont sensiblement différentes, il faut tenir compte de ce que la hauteur-type, vue de l'observatoire, est égale à la hauteur-type vue de la batterie, multipliée par le rapport des distances du but à la batterie et à l'observatoire.

de supposer que l'évent a été mal débouché (par exemple, dans une série où tous les autres coups sont très hauts).

L'évent de réglage n'est modifié que si deux séries consécutives en démontrent la nécessité.

Si, dans le cours de réglage, on est amené à faire une correction égale ou supérieure à la précédente et de sens contraire, on prend un évent intermédiaire.

Quand il est fait usage du débouchoir, les règles à appliquer sont les mêmes, chaque division du correcteur étant censée correspondre à une durée de $1/10^e$ de seconde. Les augmentations de durée se traduisent par une diminution du correcteur et inversement.

CHAPITRE II.

TIR D'EFFICACITÉ.

51. Le tir d'efficacité est conduit conformément aux prescriptions du n° 40.

52. Direction. — Le tir est réparti dans les conditions indiquées au n° 41, mais à raison de 5 décigrades aux distances moyennes, de 3 décigrades, de 4.000 à 6.000 mètres, de 2 décigrades au delà.

53. Portée. — *Si le but est abrité*, le tir d'efficacité est exécuté sur un angle fixe (angle de réglage donnant égalité des coups courts et des coups longs).

Si le but est découvert, le tir est exécuté par salves échelonnées de demi-fourchette en demi-fourchette, entre les limites de l'encadrement, et l'évent est réglé au courant du tir d'efficacité.

Cet échelonnement est réduit de moitié pour les distances supérieures à 4.000 mètres.

L'échelonnement est de 50 mètres pour les canons de petit calibre.

54. Contre du personnel en marche. — Si le matériel ne permet pas une grande rapidité de tir, le tir n'est efficace que lorsqu'il surprend l'objectif à un point de passage obligé.

A cet effet, il conviendra de marquer au préalable sur la planchette les points de passage les plus intéressants (défilés, cols, ponts, croisements et débouchés de route, etc.) et de préparer le tir sur ces points pour pouvoir ouvrir inopinément le feu sur tout objectif qui s'y présente.

Dans ce but, on dressera un tableau des éléments de tir sur chacun des points intéressants. Ces éléments seront modifiés, s'il y a lieu, d'après les résultats des réglages antérieurs.

Le tir exécuté sur les objectifs passant par les points repérés, sera un tir rapide et de surprise, une zone de deux fourchettes de profondeur (1).

A défaut de réglage préliminaire ou de renseignements fournis par des tirs antérieurs, on exécutera un tir sur zone de quatre fourchettes de profondeur, d'après la distance du but relevée sur la carte. On cherchera à se rendre compte des résultats du tir et, au besoin, on modifiera les éléments.

Si le matériel permet une certaine rapidité de tir (canon de petit calibre), les règles sont les mêmes que dans le cas où le tir est exécuté à l'aide d'obus percutants.

Si le réglage en portée a été fait à l'aide de coups fusants bas, considérer comme longue de 50 mètres la hausse qui a donné successivement deux salves encadrantes.

---

(1) Consulter le carnet de tir (tableau IV) et y prendre les données du tir si elles sont préparées; apporter aux données initiales des corrections résultant des tirs antérieurs.

TITRE V.

TIR SUR BUT NE SE PRÉTANT PAS A UNE OBSERVATION CONTINUE.

GÉNÉRALITÉS.

Principe de la méthode.

55. On utilise les résultats d'un tir réglé sur un *but auxiliaire* pour déterminer les éléments correspondants du but à battre (*but définitif*).

Cette opération s'appelle *transport de tir.*

Pour que les corrections trouvées sur but auxiliaire soient applicables au but définitif, il convient que le tir sur but auxiliaire soit exécuté avec les mêmes conditions atmosphériques que le tir sur but définitif. Les deux tirs doivent donc se succéder l'un l'autre.

56. Le but auxiliaire doit réaliser les conditions suivantes :

Avoir une position connue exactement;

Se prêter à une observation continue et facile des coups en portée et en direction;

Etre assez voisin du but définitif pour que le rapport des distances de la batterie au but définitif et au but auxiliaire soit compris entre 3 4 et 1 3 et pour que l'écart angulaire des deux buts ne dépasse pas 200 décigrades.

Toutes choses égales, d'ailleurs, on doit choisir de préférence un ouvrage de l'ennemi ou tout autre point sur lequel le réglage peut produire un effet utile et particulièrement un objectif sur lequel un tir a déjà été exécuté.

Définitions.

57. On appelle :

Correction de réglage en angle, la différence entre l'angle de tir obtenu par le réglage et l'angle de tir calculé par la distance du but.

Correction de réglage de l'évent, la différence entre l'évent de réglage et l'évent initial.

Angle de transport, l'écart angulaire (en décigrades) entre les deux objectifs (1), modifié de la différence des dérives.

Distance de réglage, la portée qui, dans la table de tir, correspond à l'angle de réglage ramené à l'horizon, c'est-à-dire modifié de la correction totale de site (2) changée de signe.

Le coefficient de réglage en portée est le rapport R/A entre la distance de réglage R et la distance mesurée sur la planchette A.

CHAPITRE I.

TRANSPORT DE TIR.

ARTICLE I.

MÉTHODE SIMPLIFIÉE.

58. Lorsque le but auxiliaire et le but définitif sont relativement voisins ou si des tirs antérieurs ont montré que le coefficient de réglage en portée est voisin de 1, on procède comme il suit (3) :

Modifier l'angle de tir calculé sur but définitif de la correction de réglage en angle trouvée sur but auxiliaire.

Modifier la direction trouvée pour chaque pièce sur le but auxiliaire, de l'angle de transport.

Modifier l'évent initial correspondant à l'angle de réglage sur but définitif de la correction de réglage de l'évent sur but auxiliaire.

Rendre compte de l'exécution du transport et passer au tir d'efficacité.

59. Le transport en portée peut également être exécuté de la manière suivante.

---

(1) Il est positif si le but définitif est à gauche, négatif si le but définitif est à droite (n° 18).

(2) Angle de site modifié de la correction complémentaire.

(3) Différence des distances inférieure à 500 mètres. Coefficient de réglage compris entre 0,98 et 1,02. Ces données peuvent être portées à 1.000 mètres à 0,95 et 1,05 chaque fois que le feu doit être ouvert rapidement, ou qu'il s'agit d'exécuter un tir sur zone égale ou supérieure à 200 mètres.

Ajouter à la distance de réglage sur but auxiliaire la différence de distance des deux buts. Adopter l'angle correspondant à la distance ainsi obtenue, *modifiée de l'angle de site de but définitif*.

Ce procédé permet de simplifier les calculs pendant le tir, lorsqu'on n'a pas pu, avant l'ouverture du feu, calculer l'angle de tir sur but définitif.

ARTICLE II.

MÉTHODE RÉGULIÈRE.

60. La méthode régulière consiste dans les opérations suivantes :

Calculer le coefficient de réglage en portée sur but auxiliaire (1).

Multiplier par le coefficient de réglage en portée la distance mesurée sur la planchette pour le but définitif.

Chercher dans la table l'angle de tir correspondant à la distance de réglage ainsi trouvée et lui faire subir la correction de site.

Modifier la direction trouvée pour chaque pièce sur but auxiliaire de l'angle de transport.

Modifier l'évent initial correspondant à la distance de réglage sur but définitif de la correction de réglage de l'évent sur but auxiliaire.

Rendre compte de l'exécution du transport et passer au tir d'efficacité.

Cas d'un changement de charge.

61. La charge à employer pour le tir sur but définitif (cas où l'on veut obtenir un angle de chute déterminé) peut différer de la charge employée pour le réglage sur but auxiliaire. Dans ce cas, calculer comme précédemment la distance de réglage pour le but définitif.

---

(1) L'ordre des opérations est le suivant :

*Angle de tir de réglage..............................

*Correction totale de site changée de signe............... ±

Angle de tir de réglage ramené à l'horizon...............

Distance de réglage R=............................

*Distance lue sur la planchette A....................

Coefficient de réglage en portée $\frac{R}{A}$ =...................

Les éléments marqués d'un astérisque sont pris sur le bulletin de tir.

Prendre dans le tableau IV la charge qui pour la distance de réglage donne un angle de chute convenable.

Déterminer avec cette charge les éléments du tir sur le but définitif comme il a été indiqué ci-dessus.

CHAPITRE II.

CONTROLE DU TIR TRANSPORTÉ.

62. Le contrôle est toujours exécuté à l'aide de coups percutants.

Il a pour objet de situer l'objectif par rapport aux points de chute d'une série de coups successifs tirés aussi rapidement que possible avec les éléments correspondants au centre du but.

L'observateur chargé du contrôle cherche à situer le point moyen des coups observés par rapport au centre de l'objectif, en se servant de bases-repères prises sur l'objectif lui-même ou à proximité.

Des résultats de l'observation, on déduit les corrections à faire subir à l'angle de tir et à la direction résultant des calculs du transport, pour amener le point moyen au centre de l'objectif.

Si les corrections sont importantes (1), il y a lieu d'exécuter un nouveau contrôle en partant des éléments modifiés à la suite du premier.

63. Dès que les corrections consécutives au contrôle ont été faites, et si la situation tactique le permet, le commandant de batterie vérifie l'angle de réglage sur but auxiliaire (2). Il peut ne faire concourir à cette vérification qu'une ou deux pièces, les autres continuant le tir d'efficacité sur but définitif.

CHAPITRE III.

TIR D'EFFICACITÉ.

64. Le tir d'efficacité sur but invisible est exécuté sur zone.

Les dimensions de la zone à battre dépendent de la précision des renseignements sur la situation de l'objectif. Ces dimensions sont celles de l'objectif ou de la

---

(1) Corrections supérieures à une fourchette en portée (ou demi-fourchette aux grandes distances) et à 10 décigrades en direction.
(2) Voir n° 32.

zone-objectif (1), augmentées de 5 décigrades à droite et à gauche et demi-fourchette dans chaque sens.

La profondeur est arrondie en multiple de demi-fourchette.

65. Echelonnement en portée et en direction.

En portée. { Demi-fourchette aux distances moyennes.
Quart de fourchette aux distances supérieures à 4.000 mètres.

En direction. { Tir percutant : 2 décigrades.
Tir fusant : 5 à 2 décigrades suivant la distance (n° 52).

Si le tir est fusant, le commandant de batterie fait subir aux évents les modifications parallèles à celles des angles de tir.

66. Conduite du feu. — La répartition indiquée au n° 65 fournit les éléments d'une série de coups qu'on tire en évitant de les espacer régulièrement comme temps, portée et direction.

On répète la série, s'il y a lieu, autant de fois qu'il est nécessaire pour atteindre le résultat cherché.

67. Tir de surprise. — Lorsque le tir d'efficacité doit être ouvert inopinément sur un but connu seulement par position sur la carte, on opère comme il est dit au n° 54.

CHAPITRE IV.

VÉRIFICATION SUR BUT AUXILIAIRE.

68. La vérification des éléments du tir sur but auxiliaire doit être faite pendant le tir d'efficacité sur le but définitif, toutes les fois que l'on a des raisons de craindre un déréglage du tir résultant soit des conditions atmosphériques, soit d'un changement de lot de poudre, et éventuellement de lot de projectiles.

Le commandant de batterie peut ne faire concourir qu'une ou deux pièces à cette vérification, les autres continuant le tir d'efficacité; il applique les règles du n° 32 pour la vérification de l'angle.

Les angles du tir d'efficacité sont modifiés de la correction d'angle trouvée après vérification sur but auxiliaire.

Les corrections à la direction et à l'évent sont faites intégralement.

---

(1) Zone dans laquelle on est sûr que se trouve l'objectif; le commandant de batterie s'efforce de réduire cette zone en tenant compte de toutes les particularités connues relatives à la position de l'objectif.

TITRE VI.

TIR EN MONTAGNE.

69. Les particularités du tir en montagne sont dues principalement à la raréfaction de l'air aux altitudes où peuvent se trouver la batterie et le but. L'influence de la raréfaction de l'air donne lieu à des corrections à la portée et à l'évent; il en est tenu compte dans la détermination des éléments initiaux comme il suit :

Angle de tir initial.

70. Distance. — Quand l'altitude dépasse 1.000 mètres, il y a lieu, à défaut d'autre indication, de faire subir aux distances mesurées les réductions ci-après :

Pour l'altitude de 2.500 mètres :

Canons longs.
{ Tir de plein fouet. .... 1/15.
{ Tir à charges réduites...... 1/20.

Canons courts et mortiers.
{ Fortes charges. .... 1/20.
{ Charges moyennes. .... 1/30.
{ Faibles charges. .... 1/40.

Pour les altitudes comprises entre 1.000 et 3.000 mètres, multiplier les corrections précédentes par le rapport de l'altitude de la batterie à 2.500 mètres. Au-dessous de 1.000 mètres ne pas faire de corrections.

Remarque. — Les coefficients de réduction ci-dessus ne sont que très approchés. On aura, pour chaque batterie, une valeur expérimentale beaucoup plus exacte du coefficient de réduction à adopter par l'examen des rapports $\dfrac{R}{A}$ obtenus dans les tirs antérieurs.

On adoptera pour la valeur du coefficient de réduction une moyenne des valeurs de $\dfrac{A-R}{A}$.

Angle de site. — L'angle de site est l'angle de site vrai; il s'obtient en partant de la distance lue sur la planchette.

Correction complémentaire de site. — La correction complémentaire s'obtient en prenant comme angle de site l'angle calculé comme il est dit ci-dessus et, comme angle de tir, l'angle de tir correspondant à la distance réduite pour tenir compte de l'altitude.

Event.

71. On trouve dans le tableau VII des tables pratiques de tir et jusqu'à l'altitude de 3.000 mètres les évents donnant la même durée de combustion que ceux des tables, calculés pour l'altitude de 150 mètres.

OBSERVATION DES COUPS.

72. En pays de montagne, quand un objectif est situé sur une paroi à pente très raide, il y a souvent intérêt, pour abréger le réglage, à comparer l'écart vertical du premier coup à une hauteur repère prise sur la paroi et évaluées en fourchettes, puis à faire subir à l'angle initial une correction égale à l'écart observé.

EXEMPLE : Canon de 120 L. distance 2.800 charge 0; fourchette 20'; hauteur repère en décigrades : 22 décigrades; en mètres (tableau II) : 100 mètres; en minutes (tableau III) : 123', soit environ 6 fourchettes.

Angle initial : 5°. Le coup tombe à une hauteur en dessous du but évaluée à 1/3 de la hauteur repère. — Angle initial corrigé : 5° = 2 fourchettes = 5° 40'.

Transport de tir.

73. Indépendamment du cas où le but auxiliaire et le but définitif sont relativement voisins, la *méthode de transport* simplifiée s'applique dans le tir en montagne lorsque le rapport de la distance de réglage, ramenée à l'horizon à la distance réduite pour tenir compte de l'altitude, est voisin de 1.

Il en est généralement ainsi lorsque le coefficient de réduction employé résulte de tirs antérieurs. (Remarque du n° 70.)

74. Lorsqu'il y a lieu d'appliquer la *méthode régulière de transport de tir*, les opérations sont les mêmes que dans le cas général.

L'angle initial et la correction totale de site sont déterminés comme il a été indiqué au n° 70.

Le coefficient de réglage en portée est, comme dans le cas général, le rapport de la distance de réglage ramenée à l'horizon à la distance mesurée sur la planchette.

TITRE VII.

TIR DE NUIT.

75. L'artillerie de siège est souvent appelée à continuer, pendant la nuit, les tirs d'efficacité commencés pendant la journée.

Ces tirs de nuit ne présentent, en général, aucune difficulté particulière, à condition qu'on ait pris les précautions nécessaires pour assurer le repérage des pièces et des instruments d'observation.

76. Lorsqu'on se trouve dans l'obligation d'ouvrir le feu pendant la nuit sur un nouvel objectif, la solution la plus générale consiste à battre la zone dans laquelle l'objectif est signalé (n° 64).

Le commandant de batterie profite de tous les renseignements et de tous les indices pour réduire les dimensions de la zone-objectif.

77. Emploi d'un projecteur. — Le tir des canons de gros et moyen calibres (1) n'est pas assez rapide pour être utilement employé en liaison avec un projecteur ni contre un projecteur.

Le tir en liaison avec un projecteur s'emploie avec les batteries de petit calibre (2).

78. Lorsque la batterie dispose d'un projecteur, les opérations du réglage sont abrégées, et on ne lance le faisceau qu'au moment où les coups éclatent.

Tir de nuit pour le flanquement d'un ouvrage par les ouvrages collatéraux.

79. Ce tir s'exécute, à la demande de l'ouvrage attaqué adressée à l'un des ouvrages flanquants, soit en avant du front du premier de ces ouvrages, dans une zone dite **zone n° 1,** soit en arrière de sa gorge, dans une zone dite **zone n° 2.** Ces deux zones sont adjacentes à une **zone de sécurité,** limitée latéralement par

---

(1) Actuellement en service.
(2) En général, la sécurité du projecteur exige un tir très rapide qui ne peut être obtenu qu'avec le canon de 75.

deux droites issues de l'engin flanquant et passant à 20 mètres, l'une en avant du réseau de fil de fer du front de tête, l'autre en avant du réseau de fil de fer de front de gorge.

80. Dès qu'il a reçu la demande de secours de l'ouvrage attaqué (1), le commandant de l'engin flanquant exécute, dans la zone indiquée, un tir sur zone, sans réglage, sur quatre hausses échelonnées de 100 mètres, avec fauchage par 4.

81. Les données de tir sur chacune de ces zones sont inscrites dans le tableau des points repérés, joint à la carte d'observatoire de l'ouvrage flanquant.

Le tir peut être corrigé en portée par l'ouvrage flanqué par l'indication « le tir est long » ou « le tir est court ». Suivant l'indication reçue, le commandant de l'engin flanquant fait exécuter un nouveau tir sur les hausses précédentes, diminuées ou augmentées de 100 mètres. S'il ne reçoit aucune indication, le commandant de l'engin flanquant reprend ce tir et continue à tirer jusqu'à ce que l'ouvrage attaqué lui envoie l'ordre : « Cessez le feu. »

---

(1) Voir n° 112 *bis* (instruction du 16 novembre 1911 sur les services de l'observation et des transmissions dans l'artillerie à pied).

TITRE VIII.

TIR DES MORTIERS LISSES DU CANON
DE 12 CULASSE
ET DES CANONS-REVOLVERS

I. MORTIERS LISSES.

82. Préparation du tir. — Les objectifs probables
étant connus et repérés dès le temps de paix, il est facile d'établir pour chaque batterie de mortiers un tableau de renseignements donnant les divisions de la
planchette qui correspondent aux directions de ces
objectifs et la charge qui convient pour chácun d'eux.

Ces renseignements permettent, lorsque la distance
de tir est faible (plus petite que 500 mètres), d'exécuter
aussi rapidement que possible un tir sans réglage, de
préférence à mitraille, appareils Moisson, appareils à
tige cannelée, boîtes à balles.

Toutefois, dans le tir à bombes ou à obus, il y aura
lieu, même dans le cas envisagé ci-dessus, de procéder
à un réglage, si l'on dispose du temps nécessaire à cet
effet.

83. Choix du point de réglage. — Le point de réglage
est, selon le cas, le fond du ravin où, d'après les renseignements reçus, sont massées des troupes ennemies,
ou le sommet de la pente qu'elles sont en train de gra-
vir.

Détermination des éléments initiaux du tir.

84. Angle. — Quelle que soit l'espèce de projectile, le
tir est toujours exécuté sous l'angle fixe de 45°.

85. Charge. — Les poids en grammes des charges de
poudre MC30 à employer s'obtiennent en mutipliant la
portée exprimée en mètres par les coefficients indiqués
dans le tableau ci-dessous :

PROJECTILES	MORTIER DE 32.	MORTIER DE 27.	MORTIER DE 22.	MORTIER DE 15.
Bombes et obus........	3/2	1	1/2	1/4
Appareil à tige cannelée (de 200 à 500 mètres).	3	2	1	»
Appareil Moisson (de 50 à 200 mètres)........	4	3	2/5	2

86. Durée. — Les durées du trajet pour le tir à bombes et obus sont données par le tableau suivant :

PORTÉES.	DURÉES DU TRAJET.	OBSERVATIONS.
200 mètres.	6 secondes.	Ces durées sont **communes** à tous les calibres. On obtient par interpolation les durées correspondant aux portées intermédiaires.
500 —	9 —	
1000 —	14 —	
1500 —	18 —	
2000 —	20 —	

Règles de tir.

87. Réglage du tir. — Le réglage du tir est exécuté par variations de charge d'après les mêmes principes que le réglage par l'angle dans le cas du tir percutant sur but fixe (n°s 28 et suivants). La fourchette est prise uniformément égale au dixième de la charge initiale.

Toutefois, en raison de la faible précision des mortiers, il n'est pas effectué de tir d'amélioration; le tir d'efficacité est ouvert avec la charge correspondant à la moyenne de l'encadrement de la fourchette.

Le tir est réparti, s'il y a lieu, en direction et en profondeur, d'après les dimensions de la zone à battre; on se conforme pour cette répartition aux principes généraux indiqués pour l'exécution des tirs d'efficacité.

II. CANON DE 12 CULASSE.

88. Pour le tir à obus, les hausses à employer sont les suivantes (1) :

Portées : 100 m.   200 m.   300 m.   400 m.
Hausses : 5^mm   15^mm   20^mm   25^mm.

Régler le tir en opérant d'abord par variation de 4 millimètres hausse, puis par variation de 2 millimètres.

L'encadrement de 2 millimètres ayant été obtenu, exécuter le tir d'efficacité avec la hausse moyenne de l'encadrement.

89. Pour le tir des boîtes à mitraille, on dispose la hausse à 20 millimètres, quelle que soit la distance.

III. CANON-REVOLVER DE 37 ET CANON-REVOLVER MODÈLE 1879.

90. Pour battre un fossé de fortification dans toute sa longueur, il faut viser avec la hausse 0 à l'extrémité de ce fossé s'il a moins de 150 mètres de longueur ou un point situé à 150 mètres environ de la pièce, dans le cas contraire. Ce pointage peut être fait à l'avance, une fois pour toutes, de manière que le canon soit toujours disposé pour battre le fossé de la manière la plus favorable.

Sur un but situé à une distance déterminée (1), les hausses suivantes donnent au tir son maximum d'effet : 3 millimètres à 200 mètres; 10 millimètres à 300 mètres; 20 millimètres à 400 mètres; 35 millimètres à 500 mètres.

______

(1) Les murs d'escarpe et de contrescarpe des ouvrages portent des traits blancs de 50 mètres en 50 mètres permettant d'évaluer facilement la distance.

TITRE IX.

TIR DE PLUSIEURS BATTERIES
SUR LE MÊME OBJECTIF.

91. Plusieurs batteries peuvent être appelées à tirer sur le même objectif.

Elles sont, dans ce cas, placées au point de vue du tir sous le même commandement.

Le commandant du groupement ainsi constitué a, vis-à-vis de ces batteries, les mêmes attributions qu'un commandant de groupe au point de vue de la discipline du feu.

92. Dès qu'un commandant de batterie a obtenu l'angle de tir provisoire, il en rend compte au commandant du groupement et lui fait connaître en outre la correction de réglage exprimée en mètres.

Le commandant du groupement utilise ce renseignement soit pour hâter le tir des autres batteries, soit pour redresser une erreur qui aurait été commise par l'une d'elles.

Il convient toutefois de remarquer que les résultats du tir de réglage d'une batterie ne sont en principe utilisables par une autre batterie que si les pièces sont du même calibre, tirant les mêmes projectiles avec des charges du même lot de poudre, etc.....

APPENDICE

CHAPITRE I.

TIR VERTICAL.

93. Le tir vertical est exécuté avec les angles compris entre 0° et l'angle maximum permis par l'affût (angles limites).

Le tir vertical est en principe percutant.

Il n'est fait emploi du tir fusant que pour des objectifs défilés au moins à 45° par rapport à la tête couvrante.

ARTICLE I.

DÉTERMINATION DES ÉLÉMENTS INITIAUX (1).

94. La détermination des éléments initiaux se fait d'après les mêmes règles que dans le cas du tir de plein fouet ou plongeant; toutefois la correction de site due à la différence l'altitude est faite sur la distance.

95. Distance et charge initiale. — La distance initiale est a distance lue sur la planchette (2) corrigée de la moitié de a différence d'altitude entre le but et la batterie; cette correcion est additive ou soustractive suivant que le but est plus élevé ou moins élevé que la pièce.

Prendre dans le tableau V la charge correspondant à la distance ainsi corrigée.

ARTICLE II.

CONDUITE DU TIR PERCUTANT.

96. Le tir est exécuté d'après les règles du tir percutant plongeant avec les différences ci-après :

Il n'est tenu compte du premier coup de chaque pièce que pour le réglage de la direction.

A une augmentation d'angle de tir correspond une diminution de portée et inversement.

Si le tir conduit à un coup court avec 50° ou long avec l'angle maximum permis à l'affût, il y a lieu de changer de charge.

A cet effet, prendre dans le tableau VI la distance correspondant à l'angle de tir limite avec la charge essayée; prendre comme angle avec la nouvelle charge l'angle (arrondi en degrés) correspondant à la distance qu'on vient de trouver.

---

(1) Voir article 30 de la première partie.
(2) Réduire dans le cas du tir en montagne comme il est dit au n° 70.

Remarque. — *Dans le tir vertical, il y a lieu de tenir compte, à chaque modification de charge ou d'angle, de la modification correspondante de dérive.*

ARTICLE III.

TRANSPORT DE TIR PERCUTANT.

97. Méthode simplifiée. — Dans le cas où le but auxiliaire et le but définitif sont très voisins (transport d'un tir, réglé sur une partie d'un ouvrage, sur une autre partie du même ouvrage par exemple), les opérations du transport de tir en portée consistent simplement à modifier l'angle de tir de réglage sur but auxiliaire de la variation d'angle correspondant à la différence des distances *aux environs de cet angle.*

98. Méthode régulière. — La méthode régulière de transport de tir percutant (n° 60) comporte les particularités suivantes :

Distance de réglage sur but auxiliaire. — Chercher dans le tableau VI pour la charge employée, la portée correspondant à l'angle de tir de réglage; modifier cette portée de la demi-différence d'altitude entre le but et la batterie; la correction est soustractive si le but est plus élevé que la pièce, additive si le but est moins élevé.

Calculer comme dans le cas général la correction de portée sur le but définitif, faire subir la correction de site et déterminer la charge comme il est dit au n° 95.

ARTICLE IV.

TIR FUSANT.

____

SOMMAIRE DE LA MÉTHODE.

99. Déterminer d'après les règles du tir percutant l'angle de tir correspondant à la trajectoire passant par l'objectif. Régler l'évent.

100. Détermination de l'angle. — Le commandant de batterie règle le tir percutant par rapport à la crête couvrante; il détermine ensuite par la méthode indiquée pour le transport de tir simplifié l'angle correspondant à la trajectoire passant par l'objectif.

101. Réglage de l'évent. — La hauteur d'éclatement est réglée à 20/1.000 au-dessus de la crête couvrante.

La durée est augmentée d'autant de 1/10 de seconde qu'il y a de millièmes entre la crête couvrante et le but.

CHAPITRE II.

OBSERVATION LATÉRALE.

ARTICLE I.

TIR AVEC OBSERVATEUR LATÉRAL.

102. Dans le cas de l'observateur latéral on pourra être amené pour avoir des coups favorables en portée à faire des corrections pour amener les points de chute dans la zone d'observation (1).

Ce résultat peut être obtenu soit en modifiant la direction du faisceau des plans de tir tout en conservant le même angle de tir, soit en modifiant l'angle de tir, la direction restant la même.

Si la ligne d'observation est peu inclinée, il est préférable de modifier la direction, si au contraire la ligne d'observation se rapproche de la perpendiculaire à la direction du tir, c'est l'angle de tir qu'il sera préférable de modifier.

Pour la grandeur des modifications à faire aux éléments initiaux, le commandant de batterie se guidera d'après les résultats de l'observation et en tenant compte de ce qu'il sait de l'objectif.

Le réglage consistera, comme dans le cas général, à déterminer un encadrement en portée et en direction.

Le tir d'amélioration sera exécuté sur la moyenne des encadrements.

Au cours du réglage, il sera avantageux pour maintenir les coups dans la zone d'observation de prescrire à chaque modification de l'angle de tir, une modification correspondante de la direction.

A cet effet, mesurer graphiquement sur la planchette « la fourchette en direction » qui correspond à une fourchette en portée.

Si l'observateur est à droite, à chaque augmentation d'angle de tir (par exemple 2 fourchettes) correspond une diminution (2 fourchettes en direction) de l'angle au tonnerre.

Si l'observateur est à gauche, la correction est faite en sens inverse.

$$\text{fourchette en direction} = \frac{A B \text{ fourchette en portée multipliée par 100 ou par 1.000.}}{B C}{100 \text{ ou } 1.000.}$$

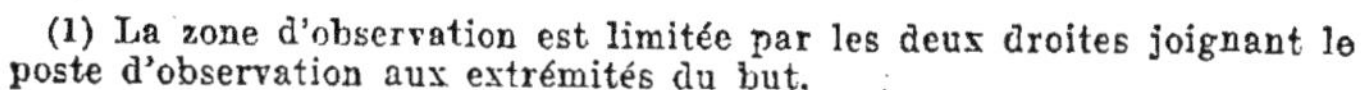

---

(1) La zone d'observation est limitée par les deux droites joignant le poste d'observation aux extrémités du but.

ARTICLE II.

OBSERVATIONS COMBINÉES.

103. Principe. — Il est avantageux, dans cer!ains cas, de combiner l'observation faite de la batterie avec celle d'un observateur placé latéralement :

Un coup vu en direction de la batterie est vu, par un observateur placé à droite de la ligne de tir, à droite s'il est long, à gauche s'il est court.

Ce mode d'observation s'impose :

1° Quand l'objectif ne se prête pas à l'appréciation du sens des écarts en portée, soit en raison de sa largeur trop faible, soit pour toute autre cause (objectif lumineux, projectiles ne donnant qu'un faible nuage de fumée, etc...).

2° Dans le cas du réglage par les coups fusants hauts.

104. Précision du réglage. — En général le réglage ne pourra pas être poussé au delà de l'encadrement de 2 fourchettes et même de 4 fourchettes.

La profondeur de l'encadrement à adopter dépend de l'inclinaison de la ligne d'observation sur la ligne de tir (1).

Par suite, il y a intérêt à éloigner l'observateur de la ligne de tir, autant qu'il est possible sans compliquer les transmissions.

105. Tir d'efficacité. — Le tir d'efficacité est un tir sur zone échelonnée entre les limites de l'encadrement, dans les conditions indiquées aux n°ˢ 64 et suivants.

---

(1) On admet que l'observateur annonce « en direction » tout coup observé à moins de 1 décigrade du but.

Calculer par le tableau II des tables pratiques la valeur en mètres de MB pour 1 décigrade et la distance BO. Les angles MPB et PBO

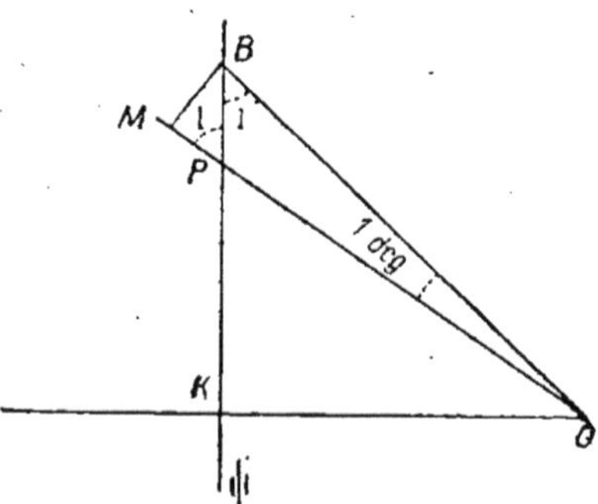

étant sensiblement égaux, on a la demi-longueur de l'encadrement, soit PB par relation :

$$PB = MB \times \frac{BO}{OK}$$; BO et OK, distance de l'observateur à la ligne de tir, sont pris sur la planchette.

La longueur PB est ensuite exprimée en fourchettes ou 1/2 fourchette et arrondie s'il y a lieu.

RÉGLAGE PAR LES COUPS FUSANTS HAUTS.

106. Le réglage par les coups fusants hauts s'emploie lorsque la nature de l'objectif ne se prête pas au réglage par les
coups percutants ou les coups fusants bas.
Il exige l'observation bilatérale; il n'est avantageux que
lorsqu'un des observateurs se trouve à la batterie.

PRINCIPE DE LA MÉTHODE.

107. Déterminer la trajectoire sur laquelle se produisent à
distance du but des éclatements à une hauteur déterminée favorable à l'observation
Abaisser la trajectoire pour obtenir l'angle correspondant
à la trajectoire qui passe par le pied du but.
Diminuer de 0'4 la durée du trajet qui correspond à la distance du but de façon à obtenir des éclatements courts à intervalle convenable (4).
Passer au tir sur zone.

CONDUITE DU TIR.

108. Le commandant de batterie prescrit le tir fusant et or-
donne de déboucher l'évent qui correspond à la distance du
but; il prend comme angle de tir initial l'angle des tables modifié de l'angle de site.
Il détermine à l'aide des tables la fourchette en durée correspondant à la fourchette en angle donnée par le tableau VI.
Il modifie dès les premiers coups l'évent de manière à obtenir
des éclatements se produisant à une hauteur favorable à
l'observation, en général voisine de la hauteur-type.
A partir de ce moment, toute variation à la portée est ac-
compagnée d'une variation parallèle à la durée (2).
Le réglage est exécuté par variation de l'angle de tir
d'après les règles du tir percutant. L'encadrement minimum
de 2 fourchettes ou de 4 fourchettes sera déterminé d'après
l'emplacement de l'observateur latéral (n° 103).
Prendre soit la moyenne des angles correspondant aux li-

---

(1) L'angle de tir et la durée obtenus par le réglage correspondant
à une trajectoire *cmh*.

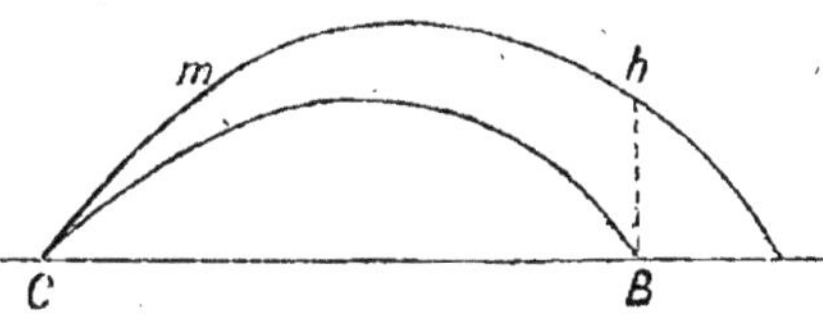

On conçoit comment, en abaissant la trajectoire de la hauteur B*h* et
en diminuant la durée qui correspond à *h* de 0',4, le tir sera effective-
ment réglé.
(2) Ce résultat est automatiquement obtenu par l'emploi du débouchoir.

mites de l'encadrement, soit l'angle qui a donné la durée probable convenant au but après une contradiction.

Diminuer l'angle correspondant pour amener les points d'éclatement au niveau du but en se fondant sur ce qu'une hauteur de 1/1.000 correspond à 3'5 d'angle.

Diminuer enfin de 0'4 la durée convenant à la distance du but.

Ces éléments servent de départ pour le calcul des angles du tir sur zone.

CANONS DE PETIT CALIBRE MUNIS DE DÉBOUCHOIR.

109. Le commandant de batterie procède comme il suit :

Encadrer l'objectif entre deux éclatements se produisant à une hauteur favorable à l'observation latérale et dont les hausses diffèrent de 200 mètres ou 400 mètres suivant que le rapport de la base d'observation à la distance est voisin de 1/10ᵉ ou de 1/20ᵉ.

Le débouchoir étant disposé ensuite à la hausse courte de l'encadrement, déplacer, sans toucher au plateau, l'index mobile de la quantité nécessaire pour amener les éclatements à la hauteur-type et fixer l'index. Lire sur le plateau la distance correspondant à cette dernière position de l'index.

Adopter comme point de départ pour le tir d'efficacité la distance et le correcteur marqués alors par le débouchoir.

110. Si la hauteur d'éclatement dans le tir d'efficacité paraît mal réglée, la corriger en agissant sur l'angle de tir; ou sur l'angle de site (canons de 75).

ARTICLE III.

TIR PAR OBSERVATION BILATÉRALE.

Principe de la Méthode.

111. Quand le procédé de l'observation directe est en défaut ou ne permet d'apprécier le sens des écarts en portée qu'à la condition de répéter trop souvent les coups, on peut avoir recours à l'observation bilatérale.

L'observation bilatérale convient particulièrement aux tirs contre les objectifs sans relief suffisant, mais dont un point est visible ou dont la position est connue exactement, ainsi qu'aux tirs contre les objectifs lumineux (machines photo-électriques, feux de bivouac, etc...).

Elle n'est appréciable qu'à la condition que l'objectif offre un point très précis facile à définir aux deux observateurs.

Les écarts sont toujours mesurés, par rapport à ce point, à l'aide d'instruments de mesure d'une précision au moins égale à celle de la lunette de batterie.

L'observation bilatérale s'applique aussi bien au tir percutant qu'au tir fusant.

La méthode à suivre consiste essentiellement à faire obser-

ver les écarts apparents en direction par deux observateurs
latéraux et à en déduire à la fois le sens des écarts en direction et le sens des écarts en portée.

**112. Appréciation du sens des écarts en direction par
rapport à la ligne de tir.** — On considère comme à droite
(à gauche) les coups signalés de ce côté par les observateurs, ou par un seul observateur, si l'autre a vu le coup en
direction. Si les observateurs sont en désaccord, on admet,
par raison de simplicité, que le coup est en direction.

Ces règles s'appliquent, quelle que soit la disposition des
lignes d'observation; elles ont pour effet d'amener les points
de chute dans les angles intérieurs aux lignes d'observation,
condition favorable au réglage en portée et d'où résulte aussi
le réglage en direction.

113. Appréciation du sens des écarts en portée. — Pour
déduire du sens des écarts latéraux le sens des coups en
portée, on convient de considérer les écarts comme positifs
si leur sens est de même nom que l'observateur qui les annonce, comme négatifs dans le cas contraire.

Ainsi, un écart signalé à gauche par l'observateur de gauche est positif et représenté sur le bulletin par le signe + ; un
écart signalé à droite par le même observateur est négatif
et figuré par le signe —.

Dans ces conditions, s'il y a concordance entre les signes,
le sens du coup est déterminé; le signe + correspond aux
coups longs et le signe — aux coups courts.

Quand les signes sont discordants, c'est le signe du plus
grand écart qui l'emporte; le signe + correspond aux coups
longs, le signe — aux coups courts.

La somme des écarts pris avec leur signe s'appelle l'*indice
du coup.*

114. Pour compléter les règles précédentes, il y a lieu
d'ajouter les remarques suivantes :

1° Le sens d'un coup vu en direction par un observateur
est donné par le signe de l'observation faite de l'autre poste;

2° Si les observateurs voient tous les deux le coup en direction (indice nul), le coup est dans une région voisine du
but;

3° Quand l'indice est inférieur à une division de l'instrument employé, il y a doute, car la précision de l'observation
n'est pas assez grande en général pour que le signe de l'indice soit certain (1);

4° Un coup dont la direction n'est annoncée que par un
poste est douteux;

5° Lorsque exceptionnellement un observateur peut se rendre compte du sens du coup d'après l'occultation du but par
la fumée ou inversement il doit le signaler.

---

(1) L'indice n'est sûr qu'à une division près, car il comporte la
somme des erreurs commises dans chaque observation dont la précision ne peut, en général, dépasser une demi-division (demi-décigrade
avec la lunette modèle 1897).

Conduite du tir.

115. Le tir s'exécute *coup par coup*, en raison des difficultés que présenterait la mesure des écarts des deux coups d'une salve et de la difficulté des transmissions.

Le réglage en portée consiste à déterminer la zone dont les limites correspondent à des coups courts et à des coups longs. L'étendue de cette zone est variable suivant la situation des postes d'observation.

A cet effet, le commandant de batterie part des éléments initiaux déterminés à l'aide de la planchette et procède par bonds d'une demi-fourchette jusqu'à ce que le but soit encadré dans les deux sens. Il vérifie le sens des angles qui correspondent aux limites de l'encadrement, comme il est dit au n° 31, et exécute un tir sur zone entre ces limites.

Pour le réglage en direction, on fait, après chaque coup, la correction qui résulte de l'observation. Cette condition est égale à la demi-différence algébrique des écarts pris avec leur signe.

CHAPITRE III.

TIR DES OBUS ÉCLAIRANTS.

116. Emploi. — Les obus éclairants sont réservés, en principe, dans la guerre de siège, à la surveillance des travaux ou des mouvements possibles de l'ennemi, dans certaines zones bien déterminées, et notamment aux abords des ouvrages, lorsque le terrain ou les circonstances ne permettent pas d'y employer de projecteurs.

Leur usage facilitera parfois aux observateurs aériens des reconnaissances à distance relativement faible, qu'ils ne pourraient opérer avec la même sécurité en plein jour.

En raison de leurs propriétés incendiaires, les obus éclairants pourront être utilisés incidemment pour mettre le feu, par exemple, à des récoltes sur pied.

117. Calibre. — Les approvisionnements actuels ne comportent que des obus éclairants du calibre de 155. Ces obus sont tirés uniquement dans le canon de 155 C avec l'une des charges 1 (900 gr. BC) ou 2 (750 gr. BC). Il est interdit de les tirer, soit avec la poudre noire, soit avec des charges en poudre BC (1) différentes de celles indiquées ci-dessus.

118. Hauteur d'éclatement. — La hauteur d'éclatement correspondant à l'éclairement maximum de l'objectif est de 300 mètres à toutes les distances. Les éléments des tables de tir spéciales aux obus éclairants ont été déterminés d'après cette condition.

Dans le cas où l'obus éclairant est utilisé comme obus incendiaire, l'éclatement doit être réglé à faible hauteur (50 mètres environ) de façon que les étoiles atteignent le sol au commencement de leur combustion.

---

(1) Ou BS, dans le canon de 155 C, modèle 1904 TR.

119. Intervalle d'éclatement par rapport à l'objectif. —
On se trouve dans les meilleures conditions pour l'éclairement de l'objectif lorsque l'éclatement a lieu en deçà de cet
objectif, à une distance ne dépassant pas 250 à 300 mètres
en portée et 100 à 200 en direction.

Lorsque l'éclatement est long par rapport à l'objectif, ou
que le vent pousse les étoiles éclairantes au delà, l'objectif
apparaît sous forme d'une masse noire se détachant sur un
fond clair et les détails en sont plus souvent très difficiles à
distinguer.

Si l'objectif n'est pas connu d'avance et ne présente pas de
parties claires, l'éclairement obtenu avec l'obus éclairant de
155 ne permet guère l'observation qu'à des distances inférieures à 1.200 mètres.

Il y a dans tous les cas intérêt à pousser, lorsque les circonstances le permettent, les observateurs aussi près que
possible de l'objectif.

RÈGLES DE TIR.

120. Charge. — La charge à employer est la charge 1, aux
distances de tir comprises entre 3.000 et 5.000 mètres, et la
charge 2 aux distances de tir comprises entre 1.000 et 3.500
mètres.

121. Détermination des éléments initiaux du tir. — Ces
éléments sont donnés pour les portées multiples de 500 mètres par la table pratique sommaire annexée à la présente
instruction. Les éléments correspondant aux portées intermé-
diaires sont calculés avec une approximation très suffisante
par interpolation, l'angle de tir étant modifié, le cas échéant,
de l'angle de site au moyen de la zone à éclairer **(1)**.

Il convient, en général, de prendre comme distance initiale
de tir la distance de la limite de la zone à éclairer la plus
rapprochée de la batterie.

Remarque. — L'angle de tir donné par les tables de tir spéciales à l'obus éclairant a été fixé, comme il est dit plus haut,
par la condition de donner, avec l'évent correspondant des
tables, une hauteur d'éclatement de 300 mètres en terrain horizontal. Il n'y a donc pas lieu de s'étonner de ce que, entre
1.000 et 1.500 mètres (charge 2) cet angle varie en sens inverse
de la portée et de la durée de trajet; mais l'attention doit être
appelée sur ce point pour éviter toute erreur dans le calcul
par interpolation des éléments initiaux lorsque la distance de
tir est comprise entre les limites indiquées.

122. Réglage du tir. — Le tir est exécuté :

Coup par coup aux distances d'observation inférieures à
3.000 mètres.

Par salves de deux coups aux distances d'observation comprises entre 3.000 et 3.500 mètres.

Par salves d'au moins trois coups aux distances d'observation supérieures à 3.500 mètres.

Le réglage du tir s'effectue d'après les principes suivants :

Si le premier coup (ou la première salve, quelle que soit la

---

(1) Il n'y a intérêt à tenir compte de l'angle de site que lorsque la
différence d'altitude est égale ou supérieure au dixième de la hauteur
d'éclatement recherchée.

hauteur d'éclatement, ne révèle pas le but, modifier l'évent par bonds de une seconde dans le sens convenable, sans toucher à l'angle de tir, jusqu'à ce que l'aspect des objets éclairés montre que la distance d'éclatement convient.

Procéder, s'il y a lieu, au réglage de la hauteur (moyenne) d'éclatement en faisant varier l'angle de tir, sans toucher au dernier évent obtenu, d'un nombre de minutes calculé à raison de :

5 minutes 1/2 par décigrade

ou

3 minutes 1/2 par millième

de la différence angulaire entre la hauteur observée et la hauteur désirée.

Cette dernière correction n'est utile que si la différence angulaire en question est assez sensible; sa nécessité est d'ailleurs mise en évidence par la façon dont se comportent les étoiles, soit qu'elles s'éteignent à une très grande hauteur au-dessus du sol, soit qu'elles continuent à brûler assez longtemps après leur chute.

Si l'on veut prolonger l'éclairement en deçà ou au delà de la zone primitive, on procédera par variations parallèles de l'angle de tir et de l'évent en partant des éléments du tir réglé.

Nota. — L'obus éclairant ayant la même trajectoire que l'obus à mitraille, il peut y avoir intérêt à profiter des renseignements donnés par des tirs fusants antérieurs sur l'évent du jour, corrigé s'il y a lieu de l'évent initial des tables.

123. Cas où les obus éclairants sont utilisés comme projectiles incendiaires. — Dans ce cas, le tir est réglé en angle et en durée au moyen d'obus à mitraille, la hauteur-type étant calculée de manière à correspondre à une hauteur d'éclatement de 50 mètres au-dessus du sol.

On passe ensuite au tir à obus éclairants avec les éléments obtenus.

TABLE DE TIR DE L'OBUS ÉCLAIRANT DE 155

TIRÉ DANS LE CANON DE 155 COURT.

DISTANCES HORIZONTALES d'éclatement. (En mètres.)	ANGLES DE TIR. (En degrés.)	DÉRIVES. (En décigrades.)	ÉVENTS A DÉBOUCHER pour obtenir une hauteur d'éclatement de 300 mètres.
Charge 1 (0ᵏ 900 B C + 25 gr. Cᵢ).			
3,000........	21°00	— 6	14s.0
3,500........	23 45	— 7	17 0
4,000........	27 15	— 9	20 0
4,500	32 00	— 12	24 0
5,000........	40 45	— 17	30 5
Charge : 2 (0ᵏ 750 B C + 25 gr. Cᵢ).			
1,000........	22°00	— 2	5s.0
1,500........	20 00	— 3	7 5
2,000........	20 30	— 4	10 0
2,500........	23 00	— 6	13 0
3,000........	26 00	— 8	16 0
3,500........	30 00	— 10	20 »

CHAPITRE IV.

TIR DES OBUS INCENDIAIRES.

124. Emploi. — Les obus incendiaires (1) sont armés de fusées à double effet, de manière à pouvoir être tirés percutants ou fusants suivant la nature des objectifs qu'il s'agit d'incendier.

Sur des constructions ordinaires en maçonnerie, couvertes en lave, tuile ou ardoise, le tir percutant devra être préféré : l'obus n'éclate, en effet, qu'après avoir traversé les murailles, et les cylindres sont projetés dans l'intérieur des maisons.

Sur des baraquements en bois, des maisons couvertes en chaume, des meules de paille, des récoltes sur pied, il conviendra d'employer le tir fusant bas, de manière que les cylindres projetés par l'explosion ne soient pas entièrement consumés avant de rencontrer l'objectif.

125. Règles de tir. — Les obus incendiaires, ayant la même trajectoire que les obus ordinaires de même calibre, ne nécessitent pas l'emploi des tables spéciales. Le tir de ces obus, généralement de plein fouet, est effectué suivant les règles ordinaires du tir percutant ou du tir fusant, la hauteur-type à adopter pour le tir fusant étant prise égale à la moitié de la hauteur-type normale, moins 2/1.000.

CHAPITRE V.

TIR SUR AÉRONEFS.

126. Le tir sur aéronefs s'exécute, soit par des sections de 75 sur affût de campagne, soit par des sections de 75 sur plate-forme modèle 1911.

Les méthodes de tir à employer sont contenues dans la « Note concernant le tir sur aéronefs des sections de 75 sur plate-forme modèle 1911 du 6 mai 1913 ».

(Les méthodes contenues dans cette note feront l'objet d'un rapport spécial de la Commission d'études pratiques demandant qu'il y soit apporté un certain nombre de modifications.)

____

(1) Obus ordinaires de 95, 120, 155 dont le chargement est partiellement remplacé par des cylindres incendiaires.

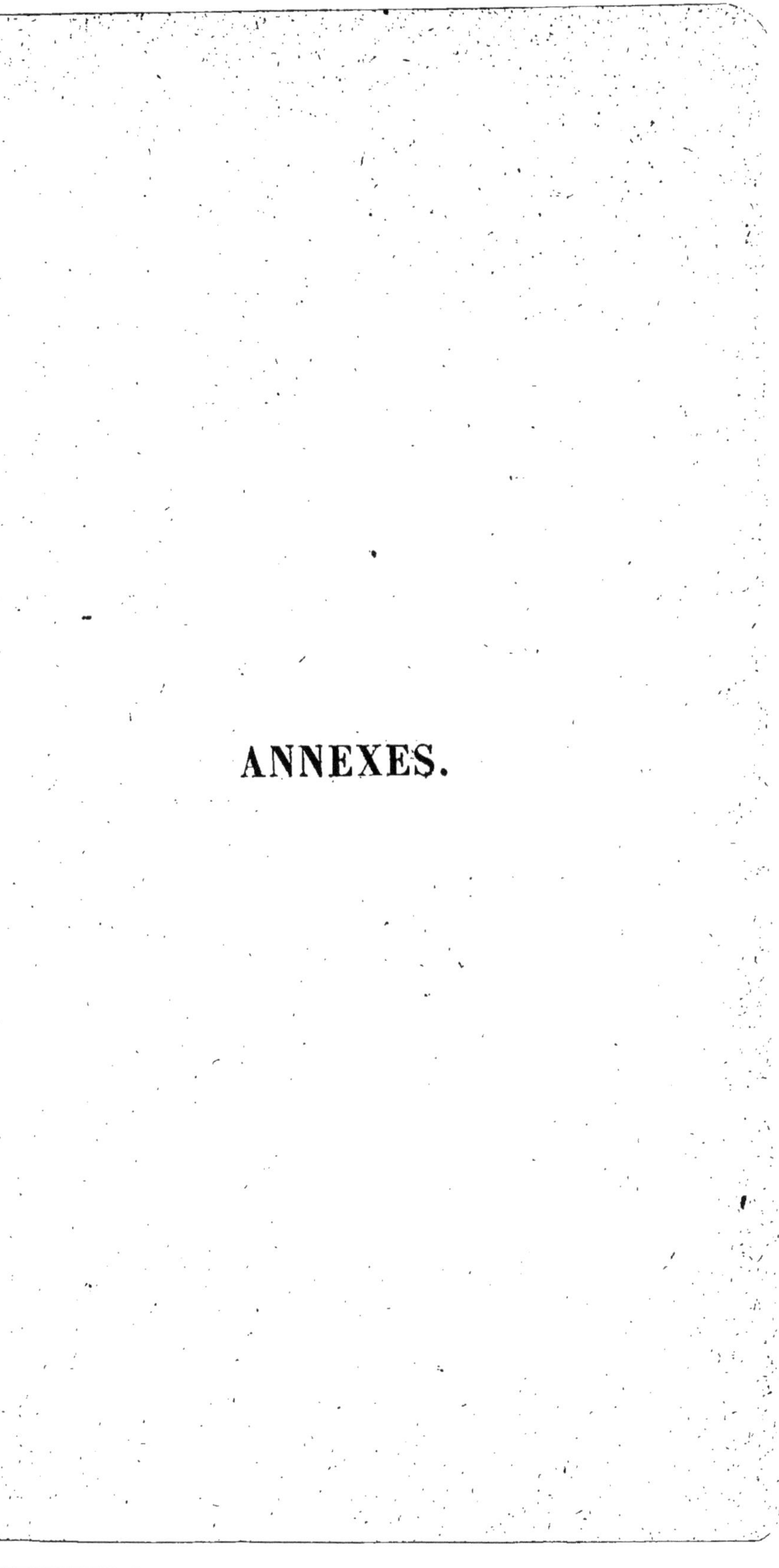

ANNEXES.

CARNET DE TIR

SECTEUR
ou
DIVISION D'ÉQUIPAGE :

GROUPE :

NOM DE LA BATTERIE :

ARMEMENT :

AVERTISSEMENT.

Un carnet de tir est affecté à chaque batterie; il contient :

A. — Des renseignements généraux à utiliser pour la préparation du tir (tableaux I, II, III, V);

B. — Une collection de feuillets préparés pour l'enregistrement des résultats des tirs (tableau III);

C. — Des tableaux donnant les éléments d'un tir fusant sur point de passage obligé (tableau IV).

Tableau I. — Les éléments du tableau I résultent des données de l'organisation du tir.

Tableau II. — Ce tableau donne :

1° La parallaxe du repère principal;

2° Les angles de direction (au tonnerre et au miroir) pour la mise en surveillance de la batterie. *Les angles au miroir ne sont directement utilisés que lorsque le repère extérieur n'est pas visible;*

3° Le tableau de la parallaxe par rapport à l'intervalle de deux pièces d'un point B situé à différentes distances. Ce tableau est établi à l'aide du tableau II des tables de tir.

Tableau III. — On a mis en tête des tableaux III le modèle des calculs à faire pour le transport de tir en portée, par la méthode régulière et la méthode simplifiée.

Les tableaux III servent à conserver trace des résultats des tirs, et spécialement des corrections de réglage. Ils sont remplis à l'aide des bulletins de tir.

Tableau IV. — Ces tableaux sont préparés à l'avance pour quelques points de passage obligé.

Les éléments qui y figurent sont déterminés d'après les règles du tir fusant sur zone.

Les échelonnements en portée et en direction y sont rappelés pour mémoire, en vue d'éviter les recherches à faire dans les règles de tir.

Tableau V. — Le tableau V est spécial au tir en montagne. Les éléments qui y figurent sont la traduction des règles données au titre VI des Règles de tir.

TABLEAU I

Coordonnées de la pièce-guide
(1re pièce).
$\begin{cases} x= \\ y= \end{cases}$
Cote
des
tourillons :

FRONT DE BATTERIE.

Repère principal. . . . . $\begin{cases} \text{Définition :} \\ \\ \text{Coordonnées.} \begin{cases} x= \\ y= \end{cases} \end{cases}$

Point de surveillance. . . . . $\begin{cases} \text{Définition :} \\ \\ \text{Coordonnées.} \begin{cases} x= \\ y= \end{cases} \end{cases}$

TABLEAU II.

1° Parallaxe du repère principal ±

2° Angles de direction de surveillance (1) :

	6° PIÈCE	5° PIÈCE.	4° PIÈCE.	3° PIÈCE.	2° PIÈCE.	1ᵉ PIÈCE guide.
Angles au tonnerre..						
Angles au miroir						
Constante de repère.						

(1) NOTE. { Les plans de tir sont parallèles.
{ Les plans de tir convergent sur le point de surveillance.

(Rayer celle des deux indications qui ne convient pas.)

3° Parallaxe=p d'un point B par rapport à l'intervalle de deux pièces :

DISTANCE DU POINT B.	PARALLAXE = p.	OBSERVATIONS
2.000		La parallaxe p est égale au nombre n de décigrades auquel correspond à la distance du point B l'écartement B B' des plans de tir parallèles.
2 200		
2.400		
2.600		
2.800		
3 000		
3 500		
4.000		
4 500		
5 000		
6.000		
8 000		

TABLEAU III.

ENREGISTREMENT DES RÉSULTATS DES TIRS.

MODÈLE DES CALCULS A FAIRE POUR

I. — Correction de réglage en angle.

Angle de tir de réglage. ....

Angle de tir calculé (1).............. ......

Différence (correction de réglage en angles) $\pm$ . . . .

(1) Non modifier pour tenir compte des réglages antérieurs.

II. — Coefficient de réglage en portée.

Angle de tir de réglage. ....

Correction totale de site changée de signe $\pm$...

Angle de réglage ramené à l'horizon........

Distance de réglage = R =

Distance lue sur la planchette = A =

Coefficient de réglage en portée = $\dfrac{R}{A}$ =

ÉTERMINER LES CORRECTIONS DE RÉGLAGE.

III. — Correction de réglage en direction.

Angle au tonnerre (au miroir) de réglage de la pièce guide. . . . .

Angle au tonnerre (au miroir) initial de la pièce guide. . . . .

$$\text{DIFFÉRENCE} \pm \ldots\ldots\ldots\ldots\ldots$$

Correction de réglage en direction au tonnerre $\pm$

IV. — Correction de réglage de l'évent.

Event de réglage. . . . .

Event initial. . . . .

$$\text{DIFFÉRENCE} \pm \ldots\ldots\ldots\ldots\ldots$$

TIRS du

Nom du Commandant de batterie :

———

Désignation de l'objectif...,...

Coordonnées $x=$ $y=$ Altitude $=$

Munitions. $\begin{cases} \text{Charge (lot de poudre)}......\ \\ \text{Projectiles...} \\ \text{Fusées (lot)...} \end{cases}$

———

Distance mesurée...   Vent. $\begin{cases} \text{Sens} \longrightarrow \\ \text{Force...} \end{cases}$

Angle de tir calculé....

Correction de réglage en angles $\pm$...

Coefficient de réglage en portée...

Correction de réglage de l'évent $\pm$...

ou $\begin{cases} \text{Correcteur...} \\ \text{(Avec l'angle de site de millièmes. Canon de 75 et si-} \\ \text{milaires.)} \end{cases}$

Correction de réglage en direction au tonnerre $\pm$...

TIRS du

Nom du Commandant de batterie :

Désignation de l'objectif......

Coordonnées $x=$ $y=$ Altitude $=$

Munitions.
{
- Charge (lot de poudre)......
- Projectiles...
- Fusées (lot)...
}

Distance mesurée...   Vent.
{
- Sens
- Force...
}

Angle de tir calculé....

Correction de réglage en angles $\pm$...

Coefficient de réglage en portée...

Correction de réglage de l'évent $\pm$...

ou
{
- Correcteur...
- (Avec l'angle de site de millièmes. Canon de 75 et similaires.)
}

Correction de réglage en direction au tonnerre $\pm$...

TIRS du

Nom du Commandant de batterie :

———

Désignation de l'objectif.......

Coordonnées $x=$ $y=$ Altitude $=$

Munitions. {
Charge (lot de poudre)......

Projectiles...

Fusées (lot)...
}

———

Distance mesurée...   Vent. {
Sens ➤➤→

Force...
}

Angle de tir calculé....

Correction de réglage en angles $\pm$...

Coefficient de réglage en **portée**...

Correction de réglage de l'évent $\pm$...

ou {
Correcteur...

(Avec l'angle de site de millièmes. Canon de **75** et similaires.)
}

Correction de réglage en direction au tonnerre $\pm$...

TIRS du

Nom du Commandant de batterie :

———

Désignation de l'objectif......

Coordonnées $x=$ $y=$ Altitude$=$

Munitions.
{
Charge (lot de poudre)......

Projectiles...

Fusées (lot)...
}

———

Distance mesurée...   Vent.
{
Sens ➤

Force...
}

Angle de tir calculé....

Correction de réglage en angles $\pm$...

Coefficient de réglage en portée...

Correction de réglage de l'évent $\pm$...

ou
{
Correcteur...

(Avec l'angle de site de millièmes. Canon de 75 et similaires.)
}

Correction de réglage en direction au tonnerre $\pm$...

TABLEAU IV.

Éléments d'un tir fusant sur point de passage obligé.

Désignation du but à battre (avec croquis panoramique, s'il y a lieu) :

Éléments d'un tir sur zones.

CHARGE...

Correction d'angles au tonnerre les pièces étant en surveillance ±...

Echelonnement de répartition par pièce (au tonnerre) ±...

Angles de tir limites de l'encadrement. } Events correspondants. }

Pour mémoire. { Echelonnement du tir d'efficacité { en direction (2, 3, 5 décigrades). { en portée (1/2 fourchette, 1/4 fourchette).

TABLEAU IV.

Éléments d'un tir fusant sur point de passage obligé.

Désignation du but à battre (avec croquis -anoramique, s'il y a lieu) :

Éléments d'un tir sur zones.

CHARGE...

Correction d'angles au tonnerre les pièces étant en surveillance ±...

Echelonnement de répartition par pièce (au tonnerre) ±...

Angles de tir limites de l'encadrement. } Events correspondants. }

Pour mémoire. { Echelonnement du tir d'efficacité { en direction (2, 3, 5 décigrades).
en portée (1/2 fourchette, 1/4 fourchette)

TABLEAU IV.

___

Éléments d'un tir fusant sur point de passage obligé.

___

Désignation du but à battre (avec croquis panoramique, s'il y a lieu) :

Éléments d'un tir sur zones.

___

CHARGE...

Correction d'angles au tonnerre les pièces étant en surveillance$\pm$...

Echelonnement de répartition par pièce (au tonnerre)$\pm$...

Angles de tir limites } de l'encadrement. } Events correspondants. }

___

Pour mémoire. { Echelonnement du tir d'efficacité { en direction (2, 3, 5 décigrades). { en portée (1/2 fourchette, 1/4 fourchette)

TABLEAU IV.

Éléments d'un tir fusant sur point de passage obligé.

Désignation du but à battre (avec croquis panoramique, s'il y a lieu) :

Éléments d'un tir sur zones.

CHARGE...

Correction d'angles au tonnerre les pièces étant en surveillance ±...

Echelonnement de répartition par pièce (au tonnerre) ±...

Angles de tir limites de l'encadrement. } Events correspondants. }

Pour mémoire. { Echelonnement du tir d'efficacité { en direction (2, 3, 5 décigrades).
en portée (1/2 fourchette, 1/4 fourchette).

TABLEAU V.

—

TIR EN MONTAGNE.

—

*Réduction de la distance mesurée pour tenir compte
de l'altitude.*

—

Réduire la distance mesurée :

	(A)	ou	(B)
Charges de plein fouet	des	de sa valeur	des	de sa valeur.
Charges moyennes...	des	de sa valeur	des	de sa valeur.
Faibles charges.......	des	de sa valeur	des	de sa valeur.

(A) Coefficient de réduction résultant des indications n° 70 des règles
de tir.

(B) Coefficient de réduction rectifié pour tenir compte des tirs déjà
effectués n° 70 des règles de tir. — Remarque.

BULLETIN DE TIR

ÉQUIPAGE DE SIÈGE.　　　　　Le　　　　　　　19　.

Division.........
secteur ....
Groupe N°........
Batterie N°........
Canon de.........

Commandant de batterie

M' Le

CALCUL DES ÉLÉMENTS INITIAUX.

RENSEIGNEMENTS SUR LE TIR.

Coordonnées :

$x =$ ⎫ Différence d'altitude ±...
$y =$ ⎭

Nature.........
Dimensions en mètres: front....
　profondeur.................
Vent au moment de l'ouverture
　du feu :
　Sens　Direction du tir........
　Force......................
Projectiles..................
Charges.....................

RÉSULTATS DU RÉGLAGE.

Charge définitive...............
Angle de tir de réglage........
Event de réglage (ou correcteur).
Angle de direction (au tonnerre
　ou au miroir) de la pièce guide.

Les opérations ci-après: a, b, c, sont exclusives l'une de l'autre.

Les opérations : c, f, se rapportent au transport de tir, méthode simplifiée. — a, f, au transport de tir, méthode régulière. — b, d, a l'utilisation des résultats de tirs antérieurs.

ANGLE DE TIR.

Distance lue sur la planchette...
Distance réduite (tir en monta-
　gne)........................
a) Ou distance multipliée par le
　coefficient de réglage sur but
　auxiliaire...................
Angle de tir des tables...
Angle de site.......... ±
Correction complémen-
　taire................. ±
Angle de tir..............
b) Correction en angle résultant
　des tirs antérieurs........ ±
c) Ou correction de réglage en
　angle sur but auxiliaire... ±

Angle de tir initial............
Fourchette....................

DIRECTION.

Écart angulaire entre le but et
　le point de surveillance... ±
Dérive..................... ±
Correction du vent........ ±
d) Correction de direction résul-
　tant des tirs antérieurs... ±

Correction aux angles au ton-
　nerre, de surveillance..... ±

f) TRANSPORT.

Écart angulaire entre le but dé-
　finitif et le but auxiliaire. ±
Dérive pour le but défi-
　nitif................. ±
Dérive pour le but auxi-
　liaire .... ±

Différence des dérives...... ±

Angle de transport........ ±

Angle de tir ....
Fourchette......................
En durée........................

TIR FUSANT.

Angle de tir de réglage...........
Angle de site changé de signe. ±

SOMME OU DIFFÉRENCE...

Hauteur-type....................
Event des tables................

RÉSULTATS OBSERVÉS.

N°ˢ DES COUPS.	ANGLE DE TIR OU HAUSSE.	CHARGES.	SENS DES COUPS.	RANG DES PIÈCES.	ÉCARTS EN DIRECTION.						EVENT OU CORRECTEUR.	HAUTEUR D'ÉCLATEMENT en millièmes.	HEURES.	COMMANDEMENT et observations.
					6ᵉ PIÈCE.	5ᵉ PIÈCE.	4ᵉ PIÈCE.	3ᵉ PIÈCE.	2ᵉ PIÈCE.	1ʳᵉ PIÈCE.				

PARIS ET LIMOGES. — IMP. ET LIBR. MILIT. CHARLES-LAVAUZELLE.

www.ingramcontent.com/pod-product-compliance
Ingram Content Group UK Ltd.
Pitfield, Milton Keynes, MK11 3LW, UK
UKHW020205130726
13696UKWH00002B/726